轻断食

萨巴蒂娜◎主编

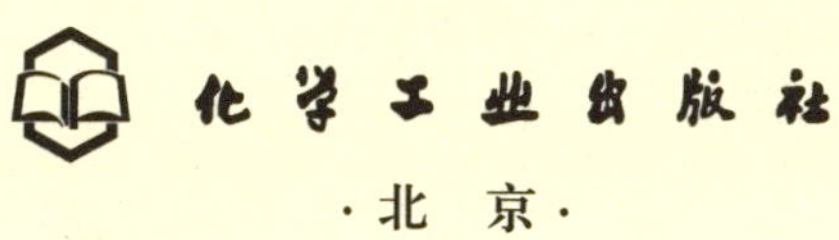

·北京·

内 容 简 介

本书是一本探讨如何通过科学的饮食方式改善健康、控制体重的书籍。书中详细介绍了轻断食的概念、原理及其与传统节食的区别。轻断食并非简单的挨饿，而是一种通过调整进食时间和频率来优化身体代谢、促进脂肪燃烧的健康方式。书中指出，现代人由于饮食结构不合理、压力大、睡眠不足等因素，容易积累腹部脂肪，尤其是内脏脂肪，进而增加患糖尿病、心血管疾病等风险。轻断食通过间歇性断食的方式，帮助身体更好地利用脂肪作为能量来源，同时激活细胞自噬机制，清除受损细胞，延缓衰老。

书中还介绍了多种轻断食模式，如 5 ∶ 2 断食法和 16 ∶ 8 断食法等，并提供了适合不同人群的断食建议。此外，书中强调了饮食质量的重要性，提倡选择天然、未加工的食物，减少糖分和精制碳水化合物的摄入，避免情绪性进食和化学热量的影响。

本书不仅提供了科学的理论支持，还结合了 40 道适合轻断食时期的食谱，帮助读者更好地理解和实践轻断食，最终达到减肥、改善代谢、提升整体健康的目标。

图书在版编目（CIP）数据

轻断食 / 萨巴蒂娜主编. -- 北京 : 化学工业出版社, 2025. 3. -- ISBN 978-7-122-47641-8

Ⅰ. TS972.161

中国国家版本馆CIP数据核字第2025XU4193号

责任编辑：马冰初　　封面设计：史利平
责任校对：张茜越　　装帧设计：盟诺文化

出版发行：化学工业出版社（北京市东城区青年湖南街13号　邮政编码100011）
印　　装：天津画中画印刷有限公司
710mm×1000mm　1/16　印张10　字数200千字　2025年4月北京第1版第1次印刷

购书咨询：010-64518888　　售后服务：010-64518899
网　　址：http://www.cip.com.cn
凡购买本书，如有缺损质量问题，本社销售中心负责调换。

定　　价：49.80元

目录

CONTENTS

第 3 章　轻断食也要吃对的食物 ……………… 061

第 4 章　轻断食食谱 ……………………………… 073

第 1 章

轻断食是比传统节食更聪明的选择

1.

揭开身体的秘密

人们为何容易发胖

现如今，我们生活在物质极大丰富的环境里，但很少认真坐下来正正经经地吃一顿饭，总是匆匆忙忙地挑选一些高热量、高脂肪、高糖分的食物快速填饱肚子，且一整天都是如此。我们已经忘记真正的饥饿是什么样子了。

回到遥远的过去，那时候食物短缺，人类的祖先三天两头吃不饱，或者饱一顿饿两顿。人类为了适应环境，逐渐进化出一种功能，将绝大多数脂肪储存在体内，只有这样，才能确保生存。

多项研究结果证实，对于人类来说，延长挨饿时间远不如高体脂危险。实际上，体重越大，采取断食就越有可能实实在在地减肥，而且减去的是脂肪而不是肌肉。相反，越是苗条，就越有可能通过极端的断食方式分解肌肉。

人们习惯于怪罪自身基因，认为自己难以减肥是因为“天生新陈代谢缓慢”，或者“骨架大”，但实际情况又是如何？事情远比想象的复杂。人类在进化过程中学会储存脂肪固然受到基因的影响，但还和其他众多因素有关，绝对不只是新陈代谢速率慢那么简单，还和胃口大小、好动程度等因素有关。

哪些脂肪最危险

腹部脂肪主要分为两类：内脏脂肪和皮下脂肪。内脏脂肪藏在腹腔深处，包裹着如肝、胃肠、脾、肾等重要脏器；而皮下脂肪则更靠近皮肤表面，通常可以通过捏皮测试直接感知到。皮下脂肪虽然对外观有较大影响，但对代谢的影响较小，即使多一些也不会增加糖尿病、高血压、心血管疾病等慢性病的患病风险。而内脏脂肪却有可能成为隐形的“健康杀手”，它不像皮下脂肪那样仅仅堆积在表面，而是直接干预身体的代谢过程。科学研究表明，相比于其他部位的脂肪，腹部脂肪堆积（尤其是内脏脂肪），对人体健康的负面影响更为显著。

内脏脂肪的异常生物活性是代谢紊乱发生发展的核心因素之一。例如，高水平的腹部脂肪会显著增加患2型糖尿病的风险。其机制在于内脏脂肪分泌的某些物质会降低肌肉和其他组织对胰岛素的敏感性，从而引发胰岛素抵抗。长此以往，血糖水平难以控制，进而就会导致糖尿病。此外，腹部脂肪与心血管疾病之间的联系同样密不可分。研究发现，腹部脂肪堆积会增加低密度脂蛋白胆固醇（LDL-C）的含量，同时降低高密度脂蛋白胆固醇（HDL-C）的水平。这种胆固醇比例的失衡，使得血管更容易出现斑块沉积，最终诱发动脉粥样硬化、脑卒中及心脏病。腹部脂肪堆积还与某些类型的癌症相关，尤其是与结直肠癌、乳腺癌和胰腺癌等关系密切。

评估腹部脂肪最简单的方法之一是通过腰围测量。腰围是指腰部的周长，WHO推荐采用最低肋骨下缘与髂嵴最高点两水平线间中点线的围长。髂嵴是指髂部最外侧最高点那个骨头尖，肋骨下缘是指最后一根肋骨的下方。根据国内现行标准《成人体重判定》，成年女性腰围最好不要超过80厘米，成年男性腰围最好不要超过85厘米。如果女性腰围超过85厘米，或男性腰围超过90厘米，那么就属于中心型肥胖，又称为腹型肥胖。

吃不胖的秘密：基因和习惯的双重作用

近年来有研究显示，吃不胖的人的确存在，他们拥有基因优势，更容易避免体重增加。研究发现，不是上天赋予他们更快的新陈代谢速率，而是他们更能调节自己的胃口，在自己都没有意识到的情况下燃烧过剩热量。

吃不胖的人同样钟情于食物，这一点毫无疑问。区别在于，他们对食物并没有强烈的情感寄托和关联，换句话说，他们不会沉溺其中。对他们来说，食物谈不上好和坏，也谈不上好吃或难吃，食物就是食物而已。由此，当体形苗条者将一块蛋糕随机塞入口中，或者在晚餐时加一包薯条，都不会产生负罪感。

吃不胖的朋友还有一种本领，当他们接触到容易使人上瘾的食物时，比如薯条、爆米花时，可以吃一口就放下，绝不贪嘴。反之则不然，通常都会无法克制，一直吃到只剩空盘为止。相信很多人都有类似的感觉："我又破戒了，怎么办呢？"在一阵懊悔过后，自我安慰地说："反正今天已经这样了，还是从明天开始吧，现在不如把剩下的都吃完。"在这一点上吃不胖的人则不同，也许这就是他们能够保持苗条的原因。研究显示，他们不会产生类似"要么不吃，要么全吃"的想法，而这种想法在资深节食者中却相当常见。

人体控制自身食欲的机制相当复杂，天生苗条者对和生理因素不相关的食欲具备更强的抵抗力。这句话如何解释？这意味着他们只在身体需要营养的时候吃食物，而不是在大脑引诱他们感到饥饿时吃食物。与之形成对比的是，天生的易增重者在受到食物诱惑时，就会产生生理性饥饿，即便身体并不需要这些热量。

有一种理论认为，体重有一个临界点——身体试图维持的一个自然体重。当天生苗条者过度进食时，他们很有可能会下意识地多动来抵消摄入的热量。不一定是去健身房，他们可能会不自觉地增加活动量，包括打扫房间、步行代替坐车等。而对于大多数人来说，过度进食后并没有补救措施，而是在接下来的几个小时内窝在沙发里！

研究人员对每晚睡眠不足4小时者进行了连续几晚的跟踪分析，结果发现他们体内引起食欲的激素发生了变化，其中对甜品、咸味小吃以及富含脂肪和淀粉食物的食欲有所增强。通过延长睡眠时间，天生苗条的朋友发现，小吃对自己的诱惑力不再那么强了。对此，相关研究人员给出了一份长达65页的报告，详细阐述了每晚睡眠不足6小时与体重增加之间的关联。来自华威大学的研究人员还对所有睡眠与肥胖间的关联进行了分析，结果发现，每晚睡眠不足5小时的成年人，肥胖比例是睡眠充足者的2.5倍！

影响体重的其他因素

归根结底，体重增加源自这样一个事实，那就是身体摄入的热量大于消耗的热量，假以时日，就会导致体重增长。但是，对付这种情况远不是减少热量摄入那么简单，摄入的食物质量同等重要。不幸的是，人们平时触手可及的食物，多半富含糖分或精制碳水化合物，比如含糖饮料或咖啡店里的美味小吃。它们吃起来很方便，所以人们不知不觉就会吃得过多。了解了这些，我们就可以有意识地将之代以富含营养的食物，比如富含蛋白质的瘦肉、绿叶菜，甚至含有健康脂肪的坚果和鱼类。这些食物能够让你有饱腹感，从而大大降低因抵御不住诱惑而过度进食的可能性。

揭开表面，深入探索问题同样重要，包括分析哪些习惯可能导致体重问题，比如压力、情绪性进食或化学热量等，这些都可能成为诱因。不健康的进食习惯可能意味着你没有摄入足够的维生素、矿物质和必需脂肪，身体需要这些营养素才能正常发挥功能。还有，许多流行的减肥餐并没有做到营养均衡，造成身体缺乏所需的关键营养素。

从基本层面上来说，这些问题让你难以坚持节食，尤其是那些大幅减少热量摄入的减肥套餐。如果身体没有获得必需的营养，就会出现烦躁、抑郁等状况，甚至会影响大脑功能，所有这些都将不可避免地动摇你坚持节食的决心。当你最终放弃，体重很快就会反弹到之前的体重，而且很有可能过度反弹。

压力与肥胖：情绪如何影响体重

压力与体重增加之间的关联从体内微小的肾上腺开始。肾上腺的基本任务是“身体总动员”，以应对紧张局面或重要时刻，比如考试前夕、上场比赛前，或者上台献歌前。伴随着肾上腺素及其他激素含量的提升，你会感觉到心跳加快、血压上升，一种大场面即将来临的兴奋感和紧张感。

在社会生活中，迫在眉睫的截止期、客户突如其来的信息和电子邮件，以及现代生活的多重挑战和快节奏，使得我们处在持续受压的状态之下，承受着工作过量和营养不足（暴饮暴食并不能带来营养）的困扰，无从解脱。

我们的身体或者大脑每遭遇一种挑战，都会启动肾上腺，促使肾上腺素分泌，从而导致高度紧张。与此同时，体内分泌大量皮质醇。皮质醇被称为“压力激素”，会提高血压、血糖水平并产生免疫抑制作用，从而导致一系列健康问题，包括腹部脂肪顽固性堆积。压力和过量肾上腺素还会造成其他影响，比如消化问题、快速衰老、免疫力下降以及皮肤问题等。

有时候，压力并非真正来自生活，而是通过饮食自我施加的。

拿咖啡因举例，我们都不会对它的提神作用感到陌生。许多产品的宣传甚至完全基于咖啡因的能量补充作用，遗憾的是，这不是真正的能量补给。一杯咖啡下肚，我们所经历的感觉实际上是由肾上腺素涌现所造成的。摄入咖啡因会让体内肾上腺素飙升。可是当肾上腺遭遇频繁刺激，反应会越来越迟钝，最终导致体内储存脂肪（包括蛋白质和碳水化合物）转化为能量的过程减速。当这种能量供应断档后，我们的身体和大脑会解读为需要再度刺激，于是就又来了一杯咖啡、一杯浓茶、一罐可乐或者其他含咖啡因的饮料。也许你习惯了咖啡，一杯又一杯也不会醉，但要知道，除咖啡因外，一杯咖啡还含有可观的牛奶、糖或糖浆，这可是一笔不小的热量摄入，有时还会伴随着小点心的食用。

胰岛素抵抗和酒精：为什么你总是饿

当体内碳水化合物过量时，身体不得不分泌更多胰岛素以应对。碳水化合物需要分解成葡萄糖分子，而胰岛素就是促使葡萄糖进入细胞并转化为能量的关键物质。但是，若体内胰岛素长时间过剩，细胞对于糖分的摄取就会不甚敏感，从而妨碍身体将葡萄糖转化成能量。不仅如此，它还会进一步阻止细胞燃烧脂肪来获取能量。所以断食的好处就显现出来，断食能够提升身体处理糖分的能力，帮助身体燃烧脂肪而不是储存脂肪。

再来谈谈酒精。对于身体而言，酒精在化学作用上与糖相似，摄入任何形式的酒精都会引发同样的胰岛素抵抗，最终可能导致体重增加，这还没有将酒精本身所携带的热量计算在内。要知道，酒精的热量也是相当高的，而且它还不含任何营养，因此，酒精是真正的“空热量”，即无营养的热量。还有，酒精能激发食欲（通常喝点酒都会开胃）。从这个角度来说，喝酒就是不折不扣的多吃！

我们都知道酒精的摄入会造成“啤酒肚”（不只是啤酒的功劳），其背后还有一个原因：酒精会妨碍身体燃脂，并且阻碍众多必需营养素的吸收，尤其是B族维生素和维生素C——两种对于减肥至关重要的营养物质。《美国临床营养学杂志》（*The American Journal of Clinical Nutrition*）开展并发表了一项研究。研究人员给8名志愿者两杯掺了柠檬水的伏特加，每杯热量只有不到90卡路里[1]。饮用伏特加后几小时，实验者燃烧的脂肪

[1] 1千卡等于1000卡路里，即：1kal=1000cal，90卡路里为0.09千卡；1卡路里等于4.184焦耳，即：1cal=4.184J，90卡路里为376.56J。下文换算余同。

数量下降了73%之多。研究人员分析其中原因是，当身体有了不止一种燃料来源时，它便有了优先选择权。确切来说，如果有酒精，身体首先消耗的是酒精，而不是脂肪。对于试图缩减腰围者来说，这算不上一个好消息！

情绪性进食：如何摆脱“吃情绪”的陷阱

我们都知道，很多进食都是情绪性的。许多出现体重问题的人都害怕饥饿的感觉。不仅如此，遭遇不顺时，他们还习惯性地指望高糖食物和酒精来寻求慰藉。尽管这只是暂时的，但毕竟摆脱了不良情绪。有时候，问题不出在进食环节，而出在心理层面，进食问题掩盖了深层次的心理问题。这种情况，专家建议采取心理咨询或心理治疗以寻求帮助。

即便进食不受情绪因素影响，常规节食仍然有其弊端。节食时间越长（无论目标是健康还是减肥），就越难以严格遵守，也就越有可能让热量在不经意间流入——东吃一口、西吃一口。断食则不然，它完全打破了这种模式。比如1个星期中有一两天几乎是不吃东西的，这就从根本上阻断了随机加餐的可能性。通过这种方式还会让人警醒，原来平时不知不觉间的点滴积累，影响居然如此之大。如果你认为自己具备一定的自控能力，断食可称得上是一种简单易行的方法，因为没必要计算每一笔热量摄入，也无须对时尚减肥套餐的重重规定唯马首是瞻，你所要做的不过是每隔一段时间抬头看看钟表。

化学热量：加工食品的隐藏风险

科学家认为，环境中的化学物质对人体某些控制体重的激素有着抑制作用。研究发现，大约70%的洗发水、香皂和化妆品含有干扰内分泌、使人变胖的成分。鉴于此，专家建议在购买家用清洁剂和化妆品时，要注意是否含有过多化学合成添加剂，特别是购买肌肤护理品时应尽可能选择天然产品。因此，从长远及整体看减肥和健康，减少居家、食物及饮料中的化学热量很重要。读者将在下文中了解到，任何断食方案都有营养准则，那就是吃真正的食物而不是伪食物。举例来说，如果食物包装上有某种成分读起来拗口，十有八九是可疑的化学物质，也许就是化学热量，还是不吃为妙！

甲状腺问题：代谢的“幕后操控者”

甲状腺功能异常也有可能导致体重增加。症状包括疲惫、伤风、激素异常、抑郁等，还有不明原因的体重增加。问题是，有时候这些问题不需要就诊，换句话说，化验结果一切正常，但症状却经久不退。出现这种问题无疑是令人头疼的，你应该每隔半年到一年去做一次检查，看看情况有无改善，或者询问医生是否需要接受正式治疗。

不过你可以尝试食疗，采用专门设计的有益甲状腺健康的营养节食法以缓解症状。为促使甲状腺发挥最佳功能，需要补充维生素C、碘、锰、镁、硒、锌，以及蛋氨酸、半胱氨酸和酪氨酸这三种氨基酸。这些都可以在日常食物中找到，包括水果、蔬菜、坚果和肉类。

2.
什么是正常体重

启动断食计划减肥之前，首先要明确什么才是正常体重。不得不说，大多数人，尤其是女性所认为的理想体重远离实际，有些甚至到了不健康的地步。千万不要利用断食追求苗条胜过追求健康，这样只会舍本逐末，且贻害无穷。因此，如果你断食的主要目标不是减肥，或者不需要过度减肥，那么一定要时刻留意，不要让断食过度，因为只要断食就一定会减肥。

体重指数（BMI）真的靠谱吗

如果相对于骨架来说，你的体重已经算是轻的了，那么一定要了解什么才是健康和正常的体重范围。现在国内外通用的指标是身体质量指数（body mass index，BMI），又称体重指数。

体重指数（BMI）的计算公式：

BMI=体重（千克）÷［身高（米）×身高（米）］

BMI的单位是kg/m^2，不过这个单位常常被忽略不写。我国健康成年人（18～64岁）的BMI应在18.5～23.9。你也可以在网上输入自己的体重和身高，自动得出结果。尽管许多明星的BMI都低于18.5，但这肯定不健康。一些研究发现，如果你追求长期和稳定的健康状态，那么男性的理想BMI应是23，女性的理想BMI是21。

中国成年人体重分类

分　类	BMI（kg/m^2）
肥胖	BMI≥28.0
超重	24.0≤BMI＜28.0
体重正常	18.5≤BMI＜24.0
体重过低	BMI＜18.5

话说回来，假设你的BMI是25，那么通过节食减去450克，指数正好达到24.9，是不是就此一步迈入健康范围了呢？很难说。BMI正常未必寓示着健康，反过来，指数不正常也大有可能健康状况正常。举例来说，某人BMI是27，但仍然很有可能比某个BMI指数为23的人更健康，这是因为BMI并没有将体内脂肪含量、腰围、饮食习惯和生活方式等因素计算在内。拿职业橄榄球运动员举例，他们比普通人重得多，但只是重在肌肉上而已。肌肉发达并没有任何不健康，却因此让BMI“爆表”，但这并不意味着他们超重，更不代表着肥胖。

如果你既不是运动员，也不是健身达人，BMI仍然远超25，那就需要采取行动了。注意要循序渐进，切忌过犹不及。医学专家普遍认为，减去5%～10%的体重既是可行的，也是合理的。因此，最好以此为初始目标，这样还有望让身体健康持续受益。

归根结底，你可以测算自己的BMI，也可以以此为依据制订减肥目标，但这绝不是唯一的标准。

体脂率和腰臀比是更科学的健康指标

身体脂肪的比例：多少才算健康

了解并监控体内脂肪比例有什么好处？它能让你更好地了解到减肥时体内正在发生什么。可持续的减肥，往往是营养摄入与运动型生活方式合二为一的结果。事实是，当你开始增加运动量和运动频次，通常就会收获肌肉重量。

要知道，踏上体重秤，看见体重并没有降低，联想到所付出的艰苦锻炼，不免让人倍感士气受挫。其实大可不必如此，因为你已经发生了质变。你的肌肉已经生成，它们取代了脂肪。因为肌肉比脂肪密度大，所以更重。这就是为什么尽管身体总重量没有减轻，仍然可以看起来更显苗条的原因，更不用说还收获了不少健康益处。那么，如何跟踪体内脂肪变化？你需要一个测量仪，获得肌肉重量、体内脂肪以及体内水分等数据以及相关比例。不需要专门购买，因为健身房通常都会有这样的测量仪。

身体成分测量仪还有一个好处，如果你注意到自己的肌肉重量和脂肪一样快速下降，那就意味着你过度减少能量摄入了。

对于大多数人来说，一周减去450～900克体内脂肪是比较现实的，如果你实际减轻的重量超过这个数量，很有可能消耗掉的是肌肉重量。所幸，一旦出现这种情况，身体成分测量仪能够及时提醒你做出调整，以免损害健康。

对于女性而言，体内水分随着月经周期波动再正常不过。还是那句话，单单测量体重不足以跟踪这些变化。只有每天在固定时段使用身体成分测量仪，并记录下身体变化，才能够更清晰明确地了解，体内什么时候增加了脂肪，或者只是堆积了水分。

有经验的教练不但懂得监测身体成分，还会教你跟踪腹部脂肪。记住，不是所有脂肪都生来平等，腹部脂肪集中在关键脏器周围，会构成较大的健康威胁。你可以拥有一个“健康”体重，同时拥有高比例腹部脂肪，明白这一点有助于你产生必需的动力，改变饮食习惯，增加运动量。

身体成分测量仪通过微弱电流来区分体内脂肪、肌肉、水和骨骼等不同成分。作为参考，一个普通成年人，既不是运动员也不想成为健身模特，可以以下表体内脂肪比例为目标。

年　龄	男　性	女　性
20～39岁	8%～20%	21%～33%
40～59岁	11%～22%	23%～34%
60岁以上	13%～25%	24%～36%

腰臀比（WHR）：如何计算与解读

腰臀比（waist-to-hip ratio，WHR）堪称最有用的基本身体比例。我们俗称的“苹果型”身材与“梨型”身材就是以这个比例为基础的。通过测量WHR，你要么被划归为“苹果型”身材（大量体重集中在腰部），要么被定义为“梨型”身材（大量体重集中在臀部）。

相比BMI，我更喜欢WHR，因为它更公平。BMI 没有把不同身体结构考虑在内，WHR 则更全面。不妨这样说，曲线毕露的玛丽莲·梦露类型，就是细腰丰满型，其腰臀比可以媲美苗条的女子，尽管两者体重有所差距。从这个角度来说，前者也是健康的，还更受欢迎，岂非两全其美?

电影明星、模特莉兹·赫利（Liz Hurley）拥有公认的完美比例的脸庞，她的腰臀比是0.7，也堪称完美。据说，科学家都为此出动，仔细测量了每一个数据，并且从科学角度给予解读。结果除了宣称她是天生完美的女性，无法给出任何解释。莉兹与大多数模特一样，是丽质天成，没有什么理由。要知道，女性腰臀比达到0.8就堪称理想，更何况0.7。对于男性来说，健康的数值不超过0.9。如果你的腰臀比高于健康数值，那么需要花点工夫改善体型了，这不是件容易的事。

计算腰臀比相当简单。拿一根卷尺，选择最宽的部位测量你的臀围，然后再测量最窄处的腰围，其部位通常就在肚脐之上。将腰围除以臀围，得到的数值就是腰臀比。

对于男性来说，理想的腰围应不超过90厘米，女性理想的腰围应在85厘米以内。腰围超过理想数值就会增加健康风险，包括患糖尿病和心脏病的风险。下文将会阐述，断食是降低体脂、保持瘦肌肉的理想方式，而且有助于保持健康和理想的腰围。

节食的陷阱

采取常规节食法，长期缺乏充足能量摄入，会导致新陈代谢速率“跳水”，同时造成胃口飙升。假设你将每天摄入的热量减少到1000卡路里以内，这种状态持续几周，目的是以一个完美的形象出席晚会。问题是，且不论能否达到目的，在此过程中你很有可能感觉到饿，而且这种饥饿感会贯穿整个阶段，挥之不去。等到晚会开始，无论你如何克制，都难以保证不受美食诱惑，加上一种终于熬出头的释放感，很有可能最终导致体重反弹，甚至反弹过头。

真正的诀窍在于，让身体保持饱腹感的时间越长越好。不是选择耐饥食物，而是掌握一种技巧，用来管理食欲和饥饿感，最终达到在大多数时间内自然而然减少进食的目的。请注意，我说的是大多数时间，不是所有时间。特殊场合以及偶尔的大快朵颐在所难免，也是人之常情。断食可以用来抑制饥饿，不需要压制食欲，更不需要服用补品。当你开始断食时，你会在常规的就餐时间感到饥饿，如果此时不吃，并坚持一段时间，慢慢就会发现抵御饥饿感会变得越来越容易，这是因为饥饿感的峰值与低谷间的差距渐渐被抹平了。所有这一切，都不会导致新陈代谢速率下降。显而易见，如果你感到饥饿的次数越来越少，就会吃得越来越少，从而减肥成功。针对这种现象，生物学上也有解释。饥饿和满足感（饱腹感）主要由两种激素控制，一是饥饿素（ghrelin），二是瘦素（leptin）。前者是胃内产生的一种肽，能够调节食欲、进食和身体构成；后者是脂肪细胞分泌的蛋白质类激素，在调节能量平衡、摄食行为中起到重要作用。这两种激素对进食量有很大影响，更重要的是，它们能决定摄入的能量中有多少被消耗掉。

饥饿素：让你饿得抓狂的激素

顾名思义，这种激素的作用直截了当。当腹内空空时，就会分泌一些饥饿素，传递到下丘脑，于是你就有了那种熟悉的饿的感觉。但是，一项发表在《美国生理学杂志》（*American Journal of Physiology*）上的研究显示，饥饿素含量也会随着对于进食的期望而上升，也就是说你感到饿，固然是因为腹中存货无多，部分也是因为想吃。

采用常规节食法，你会在每餐前都经历一次饥饿素的高峰，因为你每顿都没吃到位，所以你从未满足过。断食则不然，当你断食时，饥饿素含量仍然上升，但有证据显示，假以时日，身体会习惯这种感觉。很可能这要归功于饮食模式的改变。还有一种理论认为，营养不良的膳食会让饥饿素飙升得更快，而富含营养的膳食则不然。

瘦素：饱腹感的“信号兵”

这种激素更复杂一些。望文生义，瘦素可以让人瘦，还有人称其为调节脂肪代谢的神奇物质。关于它的原理和机制，最近出了不少书详细解读，不过这不是我们所要讨论的。

瘦素名字中虽然有瘦字，但它却是由脂肪细胞生成的。简单来说，体内脂肪越多，产生的瘦素就越多。和饥饿素一样，瘦素也会向下丘脑传递信息，但是信息内容却正好相反：“别吃了，我已经饱了”。也就是说，当你摄入脂肪过多时，瘦素告诉大脑应该停止进食，通过这种方式将身体脂肪维持在健康水准。很简单，也很完美，是吗？遗憾的是这只是理想，如果它切实可行，世界上也就不会有人超重了。

那么，究竟是怎么回事？当你过度进食，尤其是吃了较多感觉撑的食物，比如富含碳水化合物的食物时，瘦素也会随之增加分泌。这是因为，瘦素是由胰岛素引发的，而胰岛素通常都会在餐后随着血糖上升而上升，所以，如果你持续进食，没有合理的间断，那么瘦素就会居高不下。起先这听上去还不错，它不是会传递信息给大脑，告诉它是时候放下筷子吗？但是反复如此，效果就会适得其反：瘦素长期过量分泌会引发大脑抵制，一旦大脑不再识别瘦素所试图传递的原始信息，就会产生误读和曲解，并且误发指令，让人整日感觉饥饿。严重的话，吃再多也不会有满足感。

当你采用常规节食方法，一段时间后体内脂肪含量下降，但与此同时，体内瘦素含量同样下降，加上饥饿素持续上升，就会产生停不下来的食欲，吃了还想吃。实际上，来自澳大利亚的研究人员已经发现，虽然通过常规节食也能达到理想体重，但之后的一年内，瘦素和饥饿素的含量会忽上忽下，欠缺稳定。更有甚者，在此过程中，身体会竭尽所能重新夺回失去的脂肪。

而间歇性断食则与之不同。研究发现，开始断食后12～36小时，瘦素含量下降，但是其他激素含量没有显示任何改变迹象，至少在24小时内如此。况且，即便开始断食后，体内瘦素含量在短时间内的确明显下降，但只要开始进食，很快就会回归正常水平，尤其是摄入富含碳水化合物的食物后。因此，与其让瘦素含量持续走低（常规节食），不如让它们在进食的日子里有所回升，同时让身体产生满足感。间歇性断食提供的正是这样一种正常进食加偶尔断食的规律模式。

3.
轻断食是健康与活力的全方位解锁

提升基础代谢打破“越减越慢”的魔咒

轻断食常被误解为“挨饿”，但它实际上是一种优化身体代谢的自然方式。断食两天后，基础代谢速率可以提升3.6%，远超预期。英国诺丁汉大学的科学家发现，在短期断食12～36小时内，参与者的基础代谢率显著增加，而这一变化直到72小时后才逐渐回归正常。这种现象或许源于身体为适应能量需求，主动加速燃料利用的保护机制。这一切都在告诉我们，断食不会损害新陈代谢，还可以激活身体深层的潜能，为健康带来意想不到的好处。

让身体成为“脂肪燃烧机”

断食期间，身体的能量来源会从碳水化合物转向储存脂肪，这为减脂提供了理想环境。通过测量吸氧量与二氧化碳排放比例，科学家发现，断食12～72小时后，几乎所有的能量都来自脂肪燃烧。这一高效的能量转化机制是许多人通过其他手段难以实现的。相比之下，频繁进食会让身体主要依赖碳水化合物，导致脂肪深锁难燃，而断食则破解了这一难题，让身体回归燃脂的自然状态。

激活细胞自噬机制

轻断食像是为身体按下了“清理键”，启动细胞自噬机制，清除体内受损的细胞和DNA，让新生组织更加健康。斯坦福大学的研究将这种机制比喻为“细胞内的扫地机器人”，当你暂停进食，身体就会开始清扫那些“坏零件”，修复组织，让皮肤、肌肉焕发年轻活力。试想一下，这种机制不仅能减掉多余赘肉，还能让你由内而外更显年轻，这种“时光倒流”的效果是不是令人心动?

调控细胞生长延缓衰老

类胰岛素生长因子（IGF-1）是细胞分裂的重要因子，但过高的水平却会加速老化并增加患癌风险。令人欣喜的是，轻断食仅需24小时，就能显著降低IGF-1水平，从而促使身体优先修复旧细胞，而不是生成新细胞。这种改变有助于延缓衰老，改善身体功能。南加利福尼亚大学的研究证实，限制热量或断食能延长实验鼠的寿命高达40%。此外，经济大萧条时期人类寿命意外延长的现象，以及厄瓜多尔罹患侏儒综合征的人群对疾病的超强免疫力，都进一步印证了IGF-1的关键作用。

控制血糖波动远离代谢疾病

现代人普遍被高胰岛素和血糖波动困扰，而轻断食则是一种有效的调节方式。通过延长两餐之间的间隔，轻断食避免了胰岛素的持续分泌，让身体得以更高效地燃烧脂肪。剑桥大学的研究指出，每周采用5：2轻断食模式的人，其血糖波动幅度减少25%，心血管疾病发生风险降低约15%。相比传统少食多餐的理念，轻断食让身体从“过载”模式中解放出来，逐渐恢复对胰岛素的天然敏感性，这对于预防糖尿病、炎症和其他代谢性疾病都大有裨益。

增强免疫力让身体更强大

给身体适度的“饥饿感”，反而能让免疫系统功能更加强大。意大利罗马大学的研究表明，轻断食期间，白细胞生成速度加快，T细胞活性增强，整体免疫功能显著提升。可以说，轻断食让体内的“免疫大军”进入高效运转模式，主动修复损伤，清除潜在病原体。很多人在定期轻断食后发现，感冒次数减少，体力增强，这种“由内而外的强壮”正是轻断食的自然馈赠。

保护大脑延缓神经衰老

轻断食不仅对身体有益，还为大脑健康带来深远的积极影响。马克 · P. 马特森（Mark P. Mattson）团队的研究表明，轻断食能够通过多种机制促进大脑健康。实验发现，轻断食可以刺激神经元生成，提升细胞自噬速率，清除受损的灰质，为健康的新细胞创造空间。例如，马特森教授在2018年发表于*Nature Reviews Neuroscience*的研究显示，轻断食能延缓阿尔茨海默病的发生，改善学习和记忆能力。

尽管人类对轻断食的研究尚处于初期阶段，但动物实验已为轻断食保护大脑功能提供了令人鼓舞的证据。可以预见，轻断食或将成为延缓神经衰老、促进大脑健康的强有力的工具。

4.
轻断食在减重中的实际应用

解锁脂肪燃烧的“秘密开关”

人体如同一个能量储存库，脂肪则是其中的“备用资金”。然而，许多人难以有效动用这些储备，而轻断食正是激活脂肪燃烧的关键。

2024年，美国哈佛大学的一项研究发现，当人体轻断食12小时后，会逐渐进入“酮体生成”代谢模式。酮体是由脂肪分解产生的一种高效能量来源。研究显示，参与者在连续一个月采用16：8轻断食模式（即16小时禁食，8小时内进食）后，其内脏脂肪减少了20%。此外，轻断食还能激活身体的自噬机制，这是一种细胞清理和修复的过程。在禁食期间，身体会分解老化和损伤的细胞，同时促进新细胞的生成，从而提高新陈代谢效率。这一机制不仅有助于脂肪燃烧，还能延缓衰老过程。

除了16：8轻断食法，还有其他几种常见的轻断食方式，如5：2轻断食法（一周内选择两天禁食或摄入一定热量）和隔日断食法（每隔一天禁食或摄入一定热量）。研究表明，5：2轻断食法在减重和改善代谢方面同样有效，且更容易被大众接受。

轻断食的优势在于，它无须每日精确计算热量，也无须过度依赖高强度运动，只需调整饮食时间表，即可让身体主动燃烧脂肪。这种方式尤其适合那些希望改善腰腹肥胖的人群。此外，轻断食可根据个人的生活节奏和偏好进行调整，选择最适合自己的断食模式。例如，上班族可能更适合16：8轻断食法，因为它可以在不改变日常饮食习惯的情况下，简单地调整进食时间；而对于那些希望快速看到减重效果的人，5：2轻断食法则可能是一个不错的选择。

值得注意的是，轻断食在减重过程中还有一个独特优势：它能够减少肌肉流失。许多传统节食方法在减重时，不仅会减少脂肪，还会导致肌肉量下降，从而降低基础代谢率，使得减重效果难以维持。而轻断食通过优化脂肪代谢，能够在减少脂肪的同时，更好地保留肌肉量，从而实现健康、持久的减重效果。

从“吃得多”到“吃得对”

许多人进食并非因为饥饿，而是出于习惯——比如茶余饭后的甜点、看剧时的零食，甚至无聊时随手打开冰箱。轻断食正是打破这些“坏习惯”的有力工具。

韩国首尔大学的研究团队发现，定期轻断食不仅能降低对高糖和高脂肪食物的渴望，还能让人们更倾向于选择健康食材。例如，那些曾经对奶油蛋糕欲罢不能的人，在经历轻断食后，开始偏爱富含纤维的全麦食品和清爽的绿叶蔬菜。轻断食不仅能帮助人们在短期内减少热量摄入，还能在长期中培养健康的饮食习惯。研究表明，经过一段时间的轻断食后，人们的味觉会发生变化，对甜味和油腻食物的敏感度降低，从而更容易坚持健康饮食。

在现代社会，社交活动往往与饮食紧密相关。轻断食不会成为社交“累赘”，在社交场合中也可以控制饮食，避免过度进食。例如，在聚会时，选择在进食时间内进食，或者在禁食期间选择低热量的饮品，既能保持社交礼仪，又能坚持轻断食计划。此外，轻断食还能帮助人们重新审视自己的饮食需求，学会倾听身体的声音，而不是盲目地满足口腹之欲。

轻断食的另一个重要益处是帮助人们更好地管理饥饿感。在禁食期间，身体会逐渐适应饥饿状态，从而减少对食物的过度依赖。这种适应过程不仅有助于减重，还能提高身体的代谢灵活性，使身体能够在不同能量来源之间更高效地切换。许多轻断食的实践者表示，在坚持一段时间后，他们不再像以前那样频繁感到饥饿，即使在禁食期间也能保持良好的精神状态。

轻断食如何让你更快乐

轻断食不仅对身体有益，还可能带来心理上的积极影响。研究发现，轻断食能够改善情绪、提升认知功能，并有助于减轻焦虑和抑郁症状。这些心理效益可能与轻断食过程中产生的代谢变化有关，尤其是体内从使用葡萄糖转为使用酮体作为能量来源的过程。这一变化有助于提高大脑的耐受力和记忆力。

轻断食期间，大脑会分泌更多的多巴胺和血清素，这些神经递质能够提升专注力和情绪稳定性。此外，轻断食还能促进大脑释放神经营养因子（BDNF），这种因子对神经细胞的生长和修复至关重要，有助于改善认知功能和提高记忆力。例如，澳大利亚昆士兰大学的一项研究发现，在轻断食状态下，大脑的多巴胺和血清素水平显著升高，这不仅提升了参与者的专注力，还让他们在面对压力时表现得更加从容。

许多参与实验的志愿者表示，在轻断食期间，他们不仅睡得更好，还感到内心的平静。然而，轻断食也可能带来一些心理上的挑战。尤其是在轻断食的初期阶段，饥饿感可能会导致情绪波动和注意力不集中，甚至出现烦躁不安的情况。对于一些人来说，严格的进食时间表和长时间的饥饿感可能会增加压力，让人感到焦虑或难以坚持。此外，个体对轻断食的适应性不同，可能导致长期坚持时出现心理压力，特别是当轻断食影响到个人情绪和社交活动时。因此，了解自己在轻断食过程中可能产生的心理反应，合理安排进食时间和调整期望值，有助于更好地管理心理状态，保持轻断食的可持续性。

第 2 章

选择适合自己的轻断食模式

1.
轻断食有多种模式，总有一款适合你

日常断食和间歇性断食，哪种更适合你

5：2轻断食法：每周选择2天进行轻断食，在这两天内将每日热量摄入限制在500～600卡路里；其余5天正常饮食，但并非放纵暴食，而是维持健康、均衡的饮食。

轻断食日的食物可以分成1～2餐来吃，例如集中摄入500卡路里的午餐，或将这些热量分摊为早餐和晚餐。

16：8轻断食法：限时进食法。每天将进食时间限制在8小时的窗口期，其余16小时保持断食状态。例如，如果选择中午12点到晚上8点为进食时间，早餐就跳过，仅在午餐和晚餐时摄取营

养。饮水不限，轻断食期可以喝无糖饮品，如水、茶或黑咖啡。

隔日轻断食法：每隔一天进行严格轻断食或极低热量饮食。在轻断食日限制热量摄入为500～600卡路里。

大多数情况下，找到最合适的模式需要一段时间，并可能需要灵活调整。归根结底，让轻断食适应你的生活才是关键，而不是你去适应轻断食。

相对而言，隔日断食法难度较大，因为两天中有一天只能摄入500～600卡路里的热量，换算成食物量较少，且难以满足营养需求。实际上，除非出于医疗原因，我不建议使用这种方式。非要如此，最好同时服用一些营养补充剂。

实际上，轻断食不必过于严苛。目前，在轻断食爱好者中流行一种趋势：每周选择一天放松饮食，可以周末或任选一天。实践证明，这种做法不会带来什么影响，只会让你更容易坚持。不过要小心，不要让放松变成放纵，更不要暴饮暴食或者将营养守则抛在脑后而大吃垃圾食品，这样的话，极易导致前功尽弃。

如果你希望一边轻断食一边保持运动，那么目前通用的做法是，男性朋友最好将一天中的主餐放在锻炼结束后，这对于增长肌肉、燃烧脂肪再好不过；女性朋友最好先进餐再运动，实践显示这样更有益。

请回答下列问题，帮助你选择适合的轻断食模式。

1. 通常你在什么时候感觉最饿？

a. 上午。

b. 下午或晚上。

c. 我的胃口时好时坏。

2. 你一顿吃多少？

a. 午饭、晚饭都吃饱。

b. 午饭吃饱，晚饭吃少。

c. 我总是吃吃停停，很少饱餐一顿。

3. 你一般什么时候吃午饭？

a. 一般比较早，因为我不吃早饭。

b. 我会花点时间吃午饭，因为它是一天中的主餐。

c. 我很少有时间正经地吃午饭。

4. 描述一下你典型的晚饭。

a. 我和家人或恋人一起吃饭。

b. 我随便抓点，很少坐下来吃。

c. 我不知道哪种才算典型，不过我每周至少在外面吃一次。

如果你的回答：

以a. 居多。不妨尝试一下16：8轻断食模式，每天跳过早饭。大多数实践者认为，12点左右吃午饭不是很难，晚饭则在晚上7～8点开吃，这也符合很多人的作息规律。

以b. 居多。同样可以尝试16：8轻断食模式，不过变成跳过晚饭。除了早饭和午饭，关键在于下午可以有一顿加餐。从道理上来说，跳过早餐是睡眠状态的延续，而省略晚饭则变成了睡眠状态的提前。两者视个人生活习惯而定。需要注意的是，如果选择“过午不食”，那么需要保证一天的进食总量，同时确保营养均衡。你可以根据早饭时间来设置进食窗口的关闭时间，例如早上8点吃早饭，那么前一餐应在前一天的下午4点。注意，如果你喜欢睡前小酌一杯，那么宁可选择省略早餐也不要省略晚饭，因为空腹饮酒危害无穷。

以c. 居多。可以尝试一下5：2轻断食模式，即一周中有5天正常饮食，无论是一日三餐还是少食多餐，其余两天则严格遵守每天摄入热量控制在500~600卡路里的规定。如果你的生活方式不够规律，这种方式最适合你。你只需要确保两个断食日不要连着，中间至少隔上一天。

一旦找到适合自己的模式，就可以长期拥有，帮助你达到目标体重，并收获长久健康。但是，男女对轻断食的反应是不同的，研究表明，男性可能从轻断食中获得力量和速度的提升，而女性则可能因此提高思维的清晰度。有研究指出，轻断食可能对女性生育力产生负面影响，因此建议轻断食期间避免摄入高升糖指数的食物。然而，归根结底，这些研究规模还太小，不足以覆盖更多人群。因此，轻断食反应究竟是否存在性别差异，存在着怎样的差异，还有待深入细致地去研究。

那么，男性和女性在轻断食期间分别应该注意哪些问题呢？可以参考后面两节的内容。

2.
女性轻断食之温柔而有效的选择

适合自己的轻断食模式

女性在进行轻断食时，应该特别注重根据自身的健康状况、生活方式以及身体需求来量身定制断食计划。首先，了解自身的健康状况和目标非常重要。如果女性的目标是减肥、改善代谢或提高整体健康，可以根据以下几个轻断食模式进行规划。

5：2 轻断食法：一周选择两天（非连续）摄入500～600卡路里的食物，其他5天正常饮食。对于许多女性来说，这种模式相对容易坚持，而且不需要完全放弃自己喜欢的食物。断食日应选择压力较小或工作量较轻的日子，以减少轻断食带来的不适。

16：8 轻断食法：即每天有16小时不进食，8小时内可以进食。对女性来说，这种模式既能有效控制进食量，又不至于感到过度饥饿，适合那些有规律的工作和生活作息的人，尤其是能够适应早晚时间进食的女性。

隔日断食法：这种方式要求每隔一天就进行断食。这种方法对于很多女性来说可能稍微具有挑战性，但其效果显著。女性如果选择此模式，需要密切关注身体信号，避免过度疲劳。

无论选择哪种模式，女性在轻断食过程中，都应根据自己的体力和精力水平灵活调整，避免过度疲劳或影响工作和生活。总之，轻断食模式的选择应该基于个人的日常习惯、目标和身体反应，循序渐进地适应不同的模式，特别是在开始时要避免过于激进的轻断食方法，以确保健康和稳定的体重管理。

生理期轻断食的正确方式

女性的生理期在轻断食过程中扮演着重要角色。研究表明，女性在月经周期的不同阶段，其体内的激素水平变化会影响食欲、代谢以及体重，因此在这段时间进行轻断食时，需要更加细致和灵活地调整策略。

月经期（第一阶段）：月经期通常持续3～7天，体内激素水平较低，很多女性在此期间会感到食欲不振或精力下降。此时进行轻断食或控制热量摄入相对容易。实际上，许多女性在月经期选择的轻断食模式包括5：2或16：8，因为这种模式不会对她们的体力或情绪造成过多影响。

卵泡期（第二阶段）：卵泡期紧随月经期开始，此时雌激素逐渐升高，能量水平通常较为充沛。女性的食欲有可能减轻，减肥计划通常在这个阶段效果最好。若此时进行轻断食，可能会发现体重和代谢的变化更加明显。尤其是16：8轻断食模式，女性在此阶段能够轻松适应轻断食计划并取得较好效果。

排卵期（第三阶段）：排卵期是女性月经周期中的关键时刻，通常出现在周期的中间。此时，由于激素水平波动较大，女性的食欲往往处于高峰。激素飙升会导致一些女性有强烈的进食欲望，尤其是对碳水化合物的渴求。因此，在排卵期尝试轻断食可能会遇到较大的挑战。此时建议女性适量放宽对饮食的控制，避免强迫自己不吃食物，特别是要避免过度节食。

黄体期（第四阶段）：黄体期紧随排卵期，女性体内激素开始为妊娠作准备，这时体内的黄体酮会促使食欲增加，女性的情绪和胃口波动可能较大。因此，建议女性在这个阶段尽量避免过度减肥和断食，可以适当增加食物的摄入量，避免因过度节食而带来不适。此时，轻断食模式应以不给身体造成负担为主。

总之，女性在月经周期中的各个阶段，体内激素的波动会直接影响她们的食欲、能量和情绪，因此需要根据这些变化来灵活调整轻断食计划。在月经的上半段，尤其是月经后的几天，通常是轻断食的最佳时机，而在排卵期和黄体期，女性的食欲和体重波动较大，应适当调整或放松饮食要求。通过灵活调整轻断食计划，并确保摄入充足的营养和保持良好的生活习惯，女性可以更好地实现减肥和健康的目标，而不至于对身体产生负担。

女性健身与轻断食的平衡

在进行轻断食的同时，很多女性也希望通过健身改善体形、增加肌肉和保持健康。如何在轻断食期间平衡锻炼与饮食，是许多女性关心的问题。实际上，适当地结合健身与轻断食，不仅有助于减脂塑形，还能促进健康，但关键在于如何科学合理地安排两者的关系。

选择合适的运动时间：在进行轻断食时，运动的时间安排非常关键。对于采用16：8轻断食模式的女性，最好在进食窗口内进行运动，因为此时身体的能量储备比较充足，能更好地支持高强度运动。如果女性选择的是5：2轻断食模式，可以在断食日进行低强度的有氧运动（如快走、瑜伽、普拉提），避免高强度训练导致能量过度消耗。

需要注意的是，在轻断食期间的运动时段，女性可能会感到能量不足，特别是在没有进食的状态下，强度过大的运动可能会让身体出现虚弱、眩晕等不适症状。因此，适当降低运动强度，保证运动过程中感到舒适和有活力是非常重要的。

避免空腹进行高强度训练：空腹训练，尤其是在长时间未进食的情况下进行高强度运动，可能导致肌肉分解，影响新陈代谢，并且对女性的激素水平产生不良影响。因此，建议女性在轻断食的较长时段后再进行高强度训练。若是空腹状态下进行运动，最好选择低强度的运动，比如散步、轻量训练或瑜伽等。

重视恢复与休息：无论是否进行轻断食，女性在健身过程中都需要保证充足的休息与恢复时间，否则很有可能引发体重反弹或代谢紊乱。因此，在轻断食和健身过程中，确保充足的睡眠与休息是非常关键的。女性可以通过安排休息日，或者在轻断食的非训练日进行恢复训练，避免过度疲劳。

根据生理周期调整运动强度：就像在轻断食过程中需要根据月经周期调整饮食一样，女性在进行健身时也应考虑自己的生理周期。月经期和黄体期可能是能量较低的阶段，女性可以选择进行低强度的有氧运动或柔和的力量训练，如瑜伽和普拉提；而在卵泡期和排卵期，雌激素水平较高，女性的体力和耐力也相对较强，可以进行较高强度的运动，如HIIT训练、重量训练等。

总之，女性要平衡轻断食和健身，最关键的是根据自己的体能、激素水平以及生理周期，灵活调整运动强度和轻断食计划。通过合理规划饮食、运动和休息的关系，女性可以在享受轻断食带来的健康益处的同时，提升运动效果，保持身心的健康与活力。

3.

男性轻断食之挑战与运动搭配

饥饿感与情绪波动要如何应对

对于刚开始进行间歇性断食的男性来说，饥饿感往往是最初的挑战之一。尤其是在轻断食初期，身体尚未适应新的进食模式，饥饿感可能会变得很强烈，导致食欲失控。尤其是在晚上或清晨，当身体习惯了固定时间进食时，进食窗口尚未开启的空腹时段，饥饿感会更加明显。此时，空腹可能会引发情绪波动、烦躁甚至焦虑。初期，这些不适感可能会让一些男性产生放弃的念头。然而，随着时间的推移，身体会逐渐适应新的饮食规律，体内的激素水平也会随之调整，从而减轻饥饿感和空腹时的焦虑感。为了更好地应对这些挑战，可以通过分散注意力、增加水分摄入、饮用无糖茶水或黑咖啡等方式来缓解饥饿感和情绪波动。

轻断食期间如何保持能量水平和身体不疲惫

尤其是在进行高强度训练或有较高体力消耗的工作日，轻断食期间可能会感到能量不足，进而影响运动表现。许多男性在轻断食期间会发现自己的体力和耐力有所下降，尤其是在进食窗口尚未开启的情况下，肌肉和大脑可能会感到明显的能量不足。这种状态可能导致运动表现下降，训练效果减弱，甚至可能导致疲劳感加剧，从而影响日常生活和工作表现。为了克服这一挑战，可以考虑调整训练时间，选择在进食窗口后进行高强度训练。这样，身体可以利用进食后的能量支持，增强运动表现，避免因能量不足而影响训练效果。此外，补充足够的水分和电解质，适当摄入膳食补充剂，也有助于缓解疲劳并维持训练水平。

如何在聚会中坚持饮食习惯

轻断食计划可能会受到社交活动的影响，尤其是在与朋友、家人或者同事聚餐时。许多男性在面对聚会、外出就餐、家庭聚餐等场合时，会面临不小的挑战。进食时段与社交活动的冲突往往会让人感到局促不安，尤其是周围的人没有需要遵循的类似的饮食计划时，可能会感到被孤立或产生焦虑。而且，社交场合中常见的高热量食物也容易导致偏离原定的饮食目标。为此，提前规划并与朋友、家人沟通，制订不影响饮食计划的替代方案是一个有效的方法。比如可以提前吃一些低热量的食物，确保自己不会在社交聚会中感到饥饿，或者选择在断食窗口内参加活动。此外，了解何时适当“放松”断食规则，享受社交的同时保持自律，也是帮助长期坚持的有效策略。

如何避免肌肉流失

肌肉量的保持是男性在进行轻断食时的一个重要关注点。对于大多数男性而言，保持肌肉量是非常重要的目标，尤其是那些以健身或体能训练为重点的男性。轻断食过程中，由于摄入热量减少，部分男性可能担心肌肉会被分解利用，尤其是在轻断食时间较长或未能及时摄入蛋白质的情况下，肌肉流失的担忧往往让他们对于长时间轻断食产生犹豫。实际上，合理安排间歇性断食并搭配适当的运动，特别是力量训练，可以有效避免肌肉流失。在轻断食期间，确保进食窗口内摄入足够的蛋白质是保持肌肉的重要因素。此外，力量训练应当成为轻断食计划的一部分，增加肌肉的刺激，有助于肌肉维持和增长。再者，补充支链氨基酸（BCAA）或蛋白质粉等补充剂，也能有效减少肌肉分解，维持肌肉质量。

轻断食与健身的完美搭配

间歇性断食+力量训练

将力量训练（如举重、体重训练）与轻断食相结合，可以显著提高训练效果。训练最好安排在进食窗口期内，这时身体已经开始恢复并从食物中获取能量，能够更有效地利用食物中的蛋白质进行肌肉修复与增长。高强度力量训练尤其适合在进食窗口期进行，因为在进食窗口期，身体的能量储备充足，有助于提升训练表现，并减少肌肉流失的风险。例如，可以在午餐后的几个小时进行举重或高强度的体重训练（如俯卧撑、引体向上、深蹲等），此时能量充足，且有足够的营养支持肌肉修复。

有氧运动+进食策略

在轻断食期间进行适度的有氧运动（如快走、跑步、游泳等），有助于加速脂肪燃烧并改善心血管健康。然而，为了避免在进行有氧运动时损失过多肌肉，建议在有氧运动后及时补充蛋白质，以促进肌肉修复和生长。一般来说，轻断食期间有氧运动的时间应控制在30～60分钟，以避免过长时间的高强度运动消耗过多肌肉。有氧运动可以安排在早晨，训练后及时补充含有蛋白质和碳水化合物的食物，如蛋白质饮料、低脂酸奶或一片全麦面包配鸡胸肉。

避免低强度有氧运动时间过长

长期进行低强度的有氧运动可能会导致肌肉流失，尤其是在轻断食期间，缺乏足够的能量供应时。为了避免肌肉分解，建议在间歇性断食期间增加训练强度，采用如高强度间歇训练（HIIT）或增加负重训练等方法来保持肌肉质量并加速脂肪燃烧。HIIT训练通过短时间的高强度活动，持续提高代谢率，同时降低肌肉流失的风险。例如，每周进行2～3次HIIT训练，结合短时间的全身性动作（如跳跃深蹲、高强度冲刺）和短暂的恢复期，能够有效提升脂肪燃烧率，并保持肌肉质量。

总之，男性在进行轻断食时，要应对的挑战包括饥饿感、能量管理以及保持肌肉的担忧。但通过合理的进食策略、力量训练和适量的有氧运动，轻断食不仅能够帮助减脂，还能保持肌肉增长。通过在进食窗口期内补充充足的蛋白质，并与高强度训练搭配，男性可以实现更高效的减脂与肌肉的保持效果。

4.
什么时候不宜轻断食

读到这里，我相信你已经对轻断食的益处有了一定的了解，也许你正跃跃欲试。来吧，心动不如行动。

不过在付诸行动之前，还是要提醒几句，尽管轻断食有各种益处且存在已久，但人们对它的了解还处于初级阶段。比如，轻断食可能对生育产生什么样的影响，这方面的研究凤毛麟角。

哪些人不适合轻断食

为安全起见，以下情况需要特别注意。

◎ 孕妇、哺乳期妇女或者正在积极备孕的女性（调理好身体后可以尝试轻断食，但一旦有迹象显示可能怀孕，不要冒险）；

◎ 有饮食紊乱“前科”的人；

◎ 体重不足者。

出现下列情况，应首先考虑就医：

◎ 患有癌症、糖尿病、溃疡性结肠炎、癫痫、贫血、肝肾肺病；

◎ 身体出现状况，影响免疫系统；

◎ 长期用药，尤其是控制血糖、血压和血脂（胆固醇）的药物。

轻断食可能出现的副作用及应对技巧

初次轻断食，饥饿是正常现象，很难将其归纳为副作用。如果长期喝咖啡或吸烟成瘾，可能会出现头痛、恶心等反应，这些都不会持久，与轻断食的积极作用相比不足为道。但是，当一些严重的副作用出现时，问题就来了，包括：

◎ 脱水或过度补水；

◎ 感觉头晕目眩；

◎ 极度疲惫；

◎ 便秘；

◎ 恶心或呕吐；

◎ 失眠；

◎ 月经周期紊乱。

出现上述情况，应该以保险起见、安全第一为原则，若觉得不适应即刻停止。

应对窍门：

◎ 遵循营养守则，这一点很重要。确保断食不断水，每隔一段时间就要补充水分。

◎ 当然，补水也不能过量。即使是水，过量摄入也会对身体造成负担。不要指望通过喝水来压制饥饿感，过度补水也会对身体造成损害。

◎ 吃对食物很重要，要吃“真”食物而不是“假”食物，以避免短暂血糖低下引起头晕目眩。来自水果、蔬菜的纤维素，有助于肠道规律运动。

◎ 首次开始轻断食最好做记录，记下进食时间和内容、经历的反应，以帮助你“定制”一套断食方案。

◎ 如果感觉眩晕，可以稍微吃一些零食或喝一小杯果汁，观察一下是否有所缓和。

◎ 持续性的疲惫，或异乎寻常的难以入睡，或月经周期显著变化，可能是不适宜轻断食的迹象。

◎ 研究表明，皮质醇水平在断食持续超过18小时后会显著升高，这时肝脏储存的碳水化合物消耗殆尽。因此，如果身处于巨大压力之下，短时间断食更可取，而不是整天断食。

◎ 最后，自己的身体自己最了解。如果感觉不对，哪怕说不出缘由，也要听从身体，要么调整方法、要么暂停轻断食。很有可能，你需要对饮食习惯做出总体性的改变和调整，才能让身体做好轻断食准备。要想轻断食成功，难免会尝试失败。也许要经历多次，才能找到最适合的方法。

第 3 章

轻断食也要吃对的食物

只吃真正的食物

什么是真正的食物？简单来说，真正的食物就是纯天然的食物，我们要避免的是加工食物、精制食物，以及那些低纤维素和缺乏营养的食物。当然，不是所有加工食物都不可取，速冻的新鲜果蔬不在其列。值得注意的是，有些号称低热量、低脂肪的即食食物或零食，其实含有不少化学物质和隐性糖分。更有甚者，许多标榜低脂的食物其实只是用糖代替了脂肪，而且大多是精加工的碳水化合物。各种形式的糖，无论是蔗糖、麦芽糖、葡萄糖还是玉米糖浆，都对减重不利，尤其不利于缩减腰围。

过度加工的食物往往含有很多化学物质。研究表明，生活环境中存在的化学物质，可能会影响激素分泌，从而不利于体重调节。还有一种说法，受毒素影响，体内激素信号传递可能会受到干扰，因此，借助一双慧眼，寻找真正的食物很重要。那么，真正的食物都包含什么？

蛋白质

蛋白质由氨基酸组成，是生命的基石。人体需要全部类型的氨基酸。肉类、奶制品、鱼、蛋等动物蛋白被称为完全蛋白质，黄豆也属于这类。来源于蔬菜的蛋白质属于不完全蛋白质。如果你食素，无论是完全食素还是牛奶鸡蛋食素，都可以从坚果、食物种子、豆荚和谷类中获取蛋白质，但需要确保食物种类多样，才能涵盖全部必需氨基酸。

值得一提的是，鸡蛋是很好的蛋白质来源。鸡蛋的胆固醇主要存在于蛋黄中，而蛋清是优质蛋白质的良好来源。以前对鸡蛋曾有看法，认为鸡蛋容易导致胆固醇增高，是时候给鸡蛋平反了，鸡蛋是健康的食物，而且只含少量饱和脂肪。更重要的是，早上吃个鸡蛋，一天中接下来的时间就不太会觉得饿。

碳水化合物

谈到营养与减肥，碳水化合物是最具争议的。多年来，专家告诉我们，摄入的脂肪过多，饱和脂肪是心脏病的主因。但最近，某些专家对这个观点提出挑战，认为碳水化合物才应对全球如传染病般的肥胖现象以及一大堆疾病负责。到底应该怎样，我们是否要在控制脂肪的同时限制碳水化合物，还是只需降低总体摄入热量，不管它来自哪里?

真相是，无论是脂肪还是碳水化合物，都有好坏之分。脂肪分为饱和与不饱和两类，碳水化合物则分为低升糖指数与高升糖指数两类。全盘否定碳水化合物既无必要，也会埋下危害健康的种子。关键在于认清，不是所有的碳水化合物都要喊打。低升糖指数碳水化合物多存在于富含膳食纤维的水果、豆类、粗粮和蔬菜中，它们对健康很重要，且有助于减肥。而高升糖指数碳水化合物，如软饮料、精制面包、糕点或甜味剂中所含的碳水化合物，不但加大了减肥的难度，还有可能造成慢性危害。研究显示，大量摄入高升糖指数碳水化合物可能增加患心脏病及2 型糖尿病的风险。

针对低碳水化合物饮食，近年来已经开展了大量研究。一开始的想法是它们可能会损害骨质和肾脏健康，但事实并非如此，除非你事先就有肾病。低碳水化合物饮食对减肥有效，也的确能减少导致心脏病和糖尿病的危险因素。然而，低碳水化合物饮食也有风险。首先，摄入水果、蔬菜和全麦不足，也就减少了维生素和矿物质的摄入。最明显的例子要数叶酸，女性想要怀孕，叶酸缺乏不可；其次，减少粗粮会大幅减少饮食中的纤维素，可能导致便秘或打破肠道菌群平衡，从长远来看，还会增加患肠癌的风险；最后，以动物蛋白为主的低碳水化合物饮食结构被认为与高死亡率有关。长期以肉类和奶制品为主，可能导致体内炎症反应增加。极端低碳水化合物饮食还可能导致口臭、脱发、情绪波动、便秘和疲惫等副作用。在我看来，这个代价实在太大，要想减肥，完全可以采取其他更简便安全的方式。

出于这种原因，我从不建议将碳水化合物作为一个大类限制，我的食谱中包含碳水化合物，但以粗粮等低升糖指数碳水化合物为主。除了促进健康，低升糖指数碳水化合物还会将葡萄糖缓慢释放进入血管，以达到持久的能量释放，而不会像摄入高升糖碳水化合物后会产生过山车般的感觉。

脂肪

脂肪是热量最大的来源，但是，脂肪也是一个关键营养素，特别是它提供人体所必需的脂肪酸，来帮助吸收维生素、保持皮肤光泽润滑、调节身体多项功能，因此它也是饮食的重要组成部分。实际上，摄入脂肪过少，反而会引发一系列健康问题。

合适的脂肪种类、恰如其分的摄入量还能让人更长时间保持饱腹感。因此，不要视脂肪为敌，而应将其视作一同追求健康生活方式的队友。实际上，舍弃脂肪是不现实的，因为脂肪让食物更加有滋有味。在食物中加入适量脂肪，不仅有助于身体吸收营养物质，还能提升食物风味。最好选择单不饱和脂肪酸，如橄榄油、菜籽油中所含的脂肪，它们有益于心脏。

远离“甜蜜陷阱”

过多摄入糖分不仅是肥胖的诱因，还会加速皮肤衰老进程。原因是糖和皮肤中的胶原蛋白以及弹性蛋白发生糖化反应，最终会减少皮肤弹性，引发皮肤松弛，让你看上去比实际年龄更老。为了维持饮食中的甜味需求，食谱中可少量添加低糖水果，如蓝莓等天然甜味剂。蜂蜜虽然无伤大雅，但总体来说糖类要尽量避免。

看住酒精

如果你留意就会发现，近年来许多饮料中的酒精含量比之前增加了。医生和营养学家时常告诫，每天只能喝一小杯酒，但一小杯的标准也有了变化，如果说以前用的是真正的小杯，那现在用的则是中杯。

单从减肥角度来讲，酒精热量不低，而且都是没有营养的热量。如果你试图控制体重，应将每日饮酒份额严格限制在一小杯（以前的规格）。如果你想减肥，还是远离酒精为好。

吃水果而不是喝水果

假设你喝下约1升果汁，这相当于摄入500卡路里的热量。如果你只是把它当作饭后或佐餐饮料，那么显然又是一笔过剩的热量。是不是真有那么多？1升果汁的热量相当于烤土豆、金枪鱼和两片水果的总热量。

识别隐藏的高热量食物

断食前先吃饱。初次断食时，在常规饭点感觉饥饿再正常不过，也许还会附带一些轻飘飘的感觉，尤其是在最后一顿以高糖分食物为主的情况下。但这并不是衰弱的迹象，也不代表着进入挨饿模式，饥饿感会随着饭点一同过去。确保碳水化合物来自水果、蔬菜和全麦等食物，摄入充足的蛋白质，这样会感觉更饱。

多准备一些即食食品或半成品，可以随时充饥的那种。

不要吃孩子的剩饭，因为这可能导致体重增加。为了不浪费，结果导致增肥，得不偿失吧?

就像在饭店里点菜时注明要小份一样，家里盛装饭菜时也应使用小碗和小盘。研究发现，大多数饥饿感和满足感都是心理层面的。如果看到盘子半满，就会觉得不够吃，于是多盛；但如果看到小盘堆满，就会觉得分量足够，而且感觉丰盛。

小心卡布奇诺。一杯清咖啡仅含10卡路里的热量，但小杯卡布奇诺（咖啡饮品）的热量可达100卡路里，再加上配料，大杯的热量更有可能高达350卡路里。因此，小杯足矣。如果咖啡店里没有小杯，那就跟服务员说少放些奶。

吃饺子不吃饺子皮，说不通吧。但吃三明治少要一片面包完全可以。夹三明治的面包是典型的白面包，富含精制碳水化合物，取而代之的可以是一片生菜，或者索性吃“二明治”加健康调料。冰冻三尺非一日之寒，改变坏习惯需要耐心。

常见问题与解答

问：我是不是应该戒掉碳水化合物？

答：之所以说轻断食有益于提升身体机能，根源在于进化论。我们的祖先可没有机会吃饱饭后再觅食，习惯性地有上顿没下顿，促使他们掌握空腹状态下保持运动能力的本领，这也是人类的一大生存优势。人类的基因既然没有多大改变，那么，理论上人类本就不需要多余燃料就可以发挥身体机能。

身体的能量既可以来自脂肪，也可以来自碳水化合物。碳水化合物的能量储备最多只相当于500卡路里，而脂肪则远不止。打个比方，你体重70千克、体脂率25%，意味着有超过15万卡路里的脂肪储量可以动用。

耐力训练有助于提升燃料中的脂肪和碳水化合物的比例，也就是说，让更多脂肪充当燃料，这也是出于让运动更持久的目的。轻断食时，身体储存的碳水化合物最少，此时运动或训练，理论上有助于刺激身体更多更好地利用脂肪作为燃料。

但这并不意味着不需要碳水化合物，相反，一直以来，耐力运动员都被告诫要多多摄入富含碳水化合物的食物，其中原因相当复杂。说到碳水化合物，它以肌糖原的形式储存在肌肉里，随时准备分解成葡萄糖，为运动提供燃料。为什么说摄入充足的碳水化合物很重要，无论是在运动前期还是中后期，尤其是高强度运动、激烈运动或长时间运动中，葡萄糖才是主力军——身体此时燃烧的主要是葡萄糖而不是脂肪，体内储存的脂肪只在缓慢稳步运动时才派得上用场。换句话说，如果想要更快、更高、更强，只能求助于葡萄糖。因此，运动营养学家建议，持续1小时以上的比赛或训练，应每小时补充30~60克碳水化合物，其形式可以是饮品或固体食物等。

由此可见，碳水化合物自有其存在的原因，千万不可一戒了之。但同时，我们也看到很多人都犯了同一个错误，那就是过度补充碳水化合物，这也是运动了半天却没有减肥的原因之一。要知道，一瓶普通运动功能饮料，需要半小时休闲骑行才能消耗掉，如果将它放在运动后的加餐中，就有可能在不知不觉中“超标”，甚至发现自己体重不降反升！

第 4 章

轻断食食谱

早餐食谱：轻盈启动每一天

金枪鱼蔬菜鸡蛋卷

高颜值营养早餐

新鲜蔬果的鲜甜口感，搭配有嚼劲的金枪鱼，用喷香的鸡蛋卷裹上，一口下去，满口香浓。

参考热量

食材	热量（千卡）
水浸金枪鱼肉 50 克	42
鸡蛋 1 个（55 克）	75
胡萝卜 30 克	10
黄瓜 30 克	5
橄榄油 3 克	27
合计	159

主料

水浸金枪鱼肉 50 克，鸡蛋 1 个，生菜 1 片，胡萝卜 30 克，黄瓜 30 克

辅料

黑胡椒粉少许，橄榄油 3 克

营养贴士

这是一顿不含碳水化合物和淀粉，却富含蛋白质和维生素的早餐，让人更轻松，更健康。

做法

1. 鸡蛋磕入碗中，打散成蛋液。

2. 水浸金枪鱼肉沥干水分，放入碗中。

3. 生菜洗净。胡萝卜、黄瓜洗净后削皮，切成细丝。

4. 在金枪鱼肉中加入少许黑胡椒粉，捣碎搅拌均匀。

5. 平底锅加热，用喷壶喷入少许橄榄油。

6. 将蛋液倒入平底锅中，转小火，摊成一块完整的蛋皮。

7. 将摊好的蛋皮平铺在案板上，铺上生菜、黄瓜丝、胡萝卜丝、金枪鱼肉。

8. 将蛋皮卷成卷，对半斜切，做成两个金枪鱼蔬菜鸡蛋卷。

1. 水浸金枪鱼肉在超市有成品罐头出售。
2. 蔬菜可以根据自己的喜好用其他品种替换，切成丝方便卷成卷。

螺旋意面鸡蛋沙拉

方便携带的白领早餐

荷兰豆色泽嫩绿鲜亮，口感脆爽。搭配红艳水灵的圣女果，颜色丰富，脆嫩可口，看着就让人食欲大增，加上饱腹感很强的鸡蛋，热量低、有营养、吃得饱。

烹饪时间：30 分钟 / 难度：普通

参考热量

食材	热量（千卡）
螺旋意面 50 克	150
鸡蛋 1 个（55 克）	75
圣女果 50 克	13
荷兰豆 50 克	15
橄榄油 3 克	27
合计	280

主料

螺旋意面 50 克，鸡蛋 1 个，圣女果 50 克，荷兰豆 50 克

辅料

橄榄油 3 克，甜醋 1 茶匙，盐 3 克，黑胡椒粉少许

烹饪秘籍

1. 鸡蛋在吃的时候轻轻戳开，流质的蛋黄如同沙拉酱一般起到调味增色的作用。
2. 也可以将鸡蛋水煮至全熟，切碎后拌在沙拉中一起食用，增加饱腹感。

做法

1. 锅内倒入清水烧开，放入螺旋意面，中大火煮 10 分钟左右至意面熟透，盛出备用。

2. 圣女果、荷兰豆洗净，每个圣女果切成四小块，荷兰豆去掉两头和筋。

3. 将荷兰豆放入沸水中煮 2 分钟，沥干水分备用。

4. 将荷兰豆、圣女果、螺旋意面放入沙拉碗中，加入橄榄油、甜醋、盐，混合均匀。

5. 将鸡蛋磕入一个不锈钢漏勺里，放入沸水中煮 1 分钟左右，至蛋清表面凝结即可。

6. 将鸡蛋放在沙拉上，撒上黑胡椒粉即可。

蔬果中含有丰富的维生素，搭配鸡蛋中的蛋白质、意面中的碳水化合物，是一顿营养合理、口感丰富的早餐。

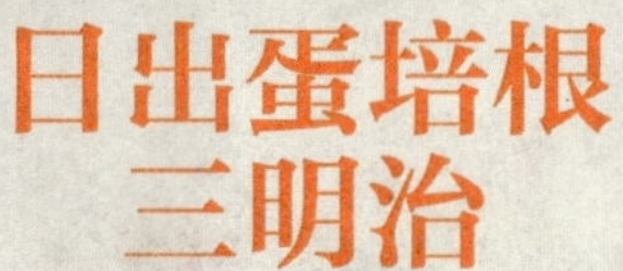

日出蛋培根三明治

感受元气满满的早晨

非常富有想象力的造型，鲜嫩的鸡蛋被融入香脆绵软的吐司中，造型可爱漂亮，加入自己喜欢的蔬菜、肉类，就是一顿养颜、有特色的早餐了。

烹饪时间：20分钟 / 难度：普通

参考热量

食材	热量（千卡）
全麦吐司2片（90克）	212
鸡蛋1个（55克）	75
培根1片（20克）	36
合计	323

主料

全麦吐司2片，鸡蛋1个，培根1片，番茄10克，生菜1片

辅料

黑胡椒粉少许

做法

1. 番茄洗净后切成圆形薄片，生菜洗净掰断。

2. 取一片全麦吐司，将吐司中间用模具挖掉一个圆形。

3. 加热平底锅，放入培根，小火煎至微焦，盛出培根备用。

4. 平底锅煎培根后余下的油脂继续加热，放入挖空的吐司，转小火煎制。

5. 在吐司的空心部位打入鸡蛋，撒上少许黑胡椒粉，小火煎至鸡蛋凝固。

6. 将煎好的吐司平铺在案板上，放上生菜、培根、番茄片，盖上另一片全麦吐司。

7. 将三明治对切成两个三角形即可。

烹饪秘籍

1. 吐司的边经煎制后的口感非常香脆，建议保留。
2. 一片煎制后的香脆吐司，搭配一片柔软的原味吐司，口感更加丰富。

营养贴士

这道主食将维生素、矿物质、脂类、蛋白质、碳水化合物进行了合理搭配，营养丰富、全面，满足身体一天的能量所需。

虾仁厚蛋烧

优质蛋白质组合

厚蛋烧的造型厚实可爱，口感香浓嫩滑，和朋友户外聚餐的时候也很方便外带。

烹饪时间：30 分钟 / 难度：普通

参考热量

食材	热量（千卡）
鸡蛋 3 个（165 克）	225
虾仁 100 克	48
脱脂牛奶 50 毫升	16
橄榄油 5 克	45
合计	334

主料

鸡蛋 3 个，虾仁 100 克，脱脂牛奶 50 毫升

辅料

料酒适量，橄榄油 5 克，盐 1/2 茶匙，葱花少许

营养贴士 虾仁、鸡蛋和牛奶都富含蛋白质，蛋白质能给人体提供能量，提高身体免疫力。

做法

1. 虾仁洗净，用料酒腌制 10 分钟。

2. 腌制好的虾仁沥干水分，切成小块。

3. 将鸡蛋磕入碗中，打散成蛋液。

4. 在蛋液中加入虾仁、脱脂牛奶、盐、葱花，搅拌均匀。

5. 平底锅中倒入橄榄油加热，舀 1 勺蛋液平摊在锅中。

6. 转小火，摊至蛋液稍微凝固时卷成蛋卷，移至锅中一侧。

7. 继续向锅中倒入蛋液，待蛋液稍微凝固后，将已经卷好的蛋卷再继续卷上新的蛋皮，卷成新的蛋卷。

8. 重复步骤 7，至蛋液用完，做成一个较大的蛋卷。盛出后切成小段即可。

烹饪秘籍

1. 要在蛋液稍微凝固的状态下操作，不要等到两面完全凝固，否则口感会干。
2. 还可以根据个人喜好，加入胡萝卜丁、火腿丁等其他食材。

酸奶燕麦焗香蕉

甜品也能帮肠胃做运动

燕麦先经过酸奶的滋润，再混合口感浓郁香甜的香蕉泥，搅拌均匀，加上烘烤过的香脆可口的混合干果，营养丰富。若是搭配了精致的餐具，就是一份既精美又健康的甜品。

烹饪时间：40 分钟 / 难度：普通

参考热量

食材	热量（千卡）
香蕉 1 根（80 克）	74
即食燕麦 30 克	100
低脂酸奶 200 毫升	88
混合干果 20 克	90
合计	352

主料

香蕉 1 根，即食燕麦 30 克，低脂酸奶 200 毫升，混合干果 20 克

烹饪秘籍

混合干果可以是核桃、蔓越莓干、葡萄干、腰果等。

做法

1. 香蕉剥皮，切成小片，用叉子压成泥。

2. 将即食燕麦、香蕉泥、酸奶放入一个碗中搅拌均匀。

3. 将混合好的食材倒入烤盘或者烤碗中，均匀地撒上混合干果。

4. 烤箱预热至 200℃，上下火烤 20 分钟左右，至表面金黄有焦香即可。

营养贴士

食材中有丰富的碳水化合物、蛋白质、维生素、矿物质和膳食纤维，能及时补充身体所需的能量，帮助肠胃运动，促进身体的消化吸收，很适合作为早餐或者健身餐食用。

香蕉燕麦杯

健康无负担地享用甜品

选择一个好看的容器，瞬间就能将这款香蕉燕麦杯提升为一道非常养眼的甜品，且因为食材选择非常健康，所以热量低，饱腹感持久，能很好地补充体能，是早餐、健身餐的极佳选择。

烹饪时间：30 分钟 / 难度：普通

参考热量

食材	热量（千卡）
香蕉 2 根 (130 克)	120
燕麦 30 克	100
低筋面粉 30 克	110
脱脂牛奶 200 毫升	66
合计	396

主料

香蕉 2 根，燕麦 30 克，低筋面粉 30 克，脱脂牛奶 200 毫升

烹饪秘籍

1. 制作香蕉燕麦杯的容器可以用烘焙小蛋糕的模具，也可以用家里常用的小碗、小杯子等。
2. 如果加入少许抹茶粉或可可粉，就可以举一反三做成抹茶燕麦杯或巧克力燕麦杯。
3. 可以根据自己的喜好，在第 4 步中，向香蕉燕麦糊中撒上少许坚果，然后再进行烘烤。

做法

1. 香蕉剥皮，切成段，放入料理机中。

2. 在料理机中加入脱脂牛奶，打成香蕉糊备用。

3. 将香蕉糊倒入碗中，加入低筋面粉和燕麦，搅拌均匀。

4. 将香蕉燕麦糊倒入烘焙模具中。

5. 烤箱预热至 220℃，放入香蕉燕麦杯，烤制 20分钟至食材定型即可。

营养贴士

燕麦含有丰富的膳食纤维，饱腹感很强，尤其富含 B 族维生素，能促进身体的新陈代谢。搭配香蕉所含的丰富的维生素和矿物质，这道甜品好吃不怕胖。

青瓜苹果胡萝卜汁

消暑解渴的护眼好帮手

汁水并不多，但是带有自然甘甜的胡萝卜，搭配清淡多汁的青瓜和清甜的苹果，融合成了清爽、微甜、多汁的口感。

烹饪时间：10 分钟 / 难度：简单

参考热量

食材	热量（千卡）
青瓜 150 克	24
苹果 200 克	100
胡萝卜 100 克	32
合计	156

主料

青瓜 150 克，苹果 200 克，胡萝卜 100 克

做法

1. 青瓜洗净，削皮，切块； 苹果削皮，切块；胡萝卜洗净，削皮，切块。

2. 将青瓜块、苹果块和胡萝卜块放入榨汁机中榨汁。

营养贴士

这款甜品含有丰富的胡萝卜素、维生素、膳食纤维和微量元素，消暑解渴，很适合长期用眼过度的人群缓解眼部疲劳，还能润肠通便。

烹饪秘籍

1. 青瓜汁水丰富，苹果自带清甜，口感非常清爽。
2. 最后可用薄荷叶等加以装饰，上桌更美观。

五谷豆浆

香浓可口，强身健体

豆类中含有丰富的营养物质，且具有浓郁的豆香。红枣的甘甜和黑芝麻的香浓让豆浆的口感更为丰富。

烹饪时间：30 分钟 / 难度：简单

参考热量

食材	热量（千卡）
黄豆 15 克	58
黑豆 15 克	60
红豆 15 克	49
红枣 15 克	40
黑芝麻 15 克	84
合计	291

主料

黄豆、黑豆、红豆、红枣、黑芝麻各 15 克

做法

1. 黄豆、黑豆、红豆提前浸泡一夜。

2. 将泡好的豆类、红枣、黑芝麻放入豆浆机内，注入 1000 毫升清水。

3. 用豆浆机直接加工煮熟制成豆浆。

4. 滤去豆渣后直接饮用。

营养贴士

豆类含有丰富的维生素和人体所需的微量元素，红枣和黑芝麻都是滋补气血的佳品，混合在一起做成豆浆，在营养上和口感上都极为协调。

1. 红枣具有天然的甜味，加上黑芝麻的浓香，让豆浆本身带有丰富的植物香味，不需要额外加糖，也很香浓。
2. 不过滤豆渣直接饮用，口感更加浓郁。
3. 过滤后的豆渣可以用来炒菜。

土豆鸡蛋沙拉

简单易做的清爽饱腹主食

土豆泥带来了细腻绵滑的口感，在加入了胡椒粉之后，变得更加香浓可口。搭配着青豆一起食用，是一道看着清爽吃着美味的沙拉。

烹饪时间：20 分钟 / 难度：简单

参考热量

食材	热量（千卡）
土豆 150 克	122
鸡蛋 1 个（55 克）	75
青豆 20 克	80
合计	277

主料

土豆 150 克，鸡蛋 1 个，青豆 20 克

辅料

盐、黑胡椒粉各少许

烹饪秘籍

1. 1 个鸡蛋一般切成 4 块。
2. 若没有叉子也可以用勺子，只要能把土豆压成土豆泥就可以。

做法

1. 土豆洗净，削皮，切成大块，放入蒸锅中蒸熟。

2. 蒸好的土豆块放入沙拉碗中，用叉子压成泥。

3. 鸡蛋煮熟，剥壳后切成小块。

4. 青豆放入清水中煮熟，捞出沥干水分备用。

5. 将鸡蛋块、青豆放入土豆泥中混合均匀。

6. 最后撒上盐和黑胡椒粉搅拌均匀即可。

营养贴士

土豆是容易消化、好吸收的淀粉类主食，只要不是油炸，用蒸、煮等烹饪方式做成的土豆菜肴热量都很低，而且能提供较长时间的饱腹感。

紫薯红枣汁

轻饱腹的养颜排毒果汁

紫薯是富含膳食纤维和花青素的食物，能增加肠胃的饱腹感，抗氧化。红枣自带的天然甜味，给果汁添加了更为丰富的风味，同时红枣还是补铁的食物。

烹饪时间：30 分钟 / 难度：普通

参考热量

食材	热量（千卡）
紫薯 100 克	106
干红枣 20 克	55
脱脂牛奶 250 毫升	83
合计	244

主料

紫薯 100 克，干红枣 20 克，脱脂牛奶 250 毫升

营养贴士

这款甜品富含膳食粗纤维，能加快肠胃蠕动，促进排毒。

做法

1. 干红枣用水提前浸泡至发胀。

2. 紫薯去皮后切块，上锅蒸熟。

3. 将紫薯块、红枣混合脱脂牛奶一起倒入榨汁机内榨汁。

酸奶紫薯泥

酸酸甜甜就是我

紫薯的口感软糯香甜，粉紫的颜色又非常梦幻可爱，和雪白细腻的酸奶搭配在一起，或搅拌均匀成更加柔和的粉紫色，或分层摆放显得色彩鲜明，再撒上香脆可口的碎干果，味觉上和视觉上都很有美感。

烹饪时间：30 分钟 / 难度：简单

参考热量

食材	热量（千卡）
紫薯 150 克	159
低脂酸奶 200 毫升	88
碎干果 20 克	90
合计	337

主料

紫薯 150 克，低脂酸奶 200 毫升，碎干果 20 克

营养贴士

紫薯是粗粮的一种，含有丰富的粗纤维，搭配酸奶一起食用，能很好地帮助肠胃对食物进行消化吸收。

烹饪秘籍

1. 判断紫薯是否熟透，可以用筷子插入紫薯中，能轻松扎进去便可。
2. 碎干果是用于增添风味的，可以挑选自己喜欢的种类，如核桃、葡萄干、蔓越莓干等都可以，也可以不放。
3. 可以将酸奶直接淋在紫薯泥上，让摆盘的颜色更加好看。

做法

1. 紫薯洗净后，削皮，切成小块。

2. 蒸锅内注入清水，将紫薯块放入蒸锅内蒸熟。

3. 蒸熟的紫薯块放入碗中压成泥。

4. 将酸奶倒入紫薯泥中搅拌均匀，撒上碎干果即可。

鸡蛋全麦吐司碗

像法式甜点带来的浪漫气息一般

用容器定型之后的吐司形成花苞状，别具一格的造型非常醒目。牛油果香浓细腻的口感搭配酸酸甜甜的圣女果，新鲜清爽，既可饱腹又不会给肠胃带来负担。

烹饪时间：20 分钟 / 难度：简单

参考热量

食材	热量（千卡）
全麦吐司 2 片（90 克）	212
鸡蛋 1 个（55 克）	75
圣女果 20 克	5
牛油果 50 克	85
合计	377

主料

全麦吐司 2 片，鸡蛋 1 个，圣女果 20 克，牛油果 50 克

辅料

黑胡椒粉、盐各少许

做法

1. 鸡蛋磕入碗中，加入少许盐和黑胡椒粉，打散成蛋液。

2. 圣女果洗净后对半切开。

3. 牛油果去皮去核，切成小丁备用。

4. 将全麦吐司均匀裹满蛋液，斜着垫入容器底部，贴合容器的形状。

5. 烤箱预热至 180℃，将吐司碗放入烤盘中，烤制 5 分钟至吐司定型。

6. 取出吐司碗，将圣女果和牛油果放入吐司碗中，撒上黑胡椒粉即可。

牛油果含有丰富的膳食纤维和人体所需的微量元素，富含叶酸，因为口感香浓细滑，被称为“植物牛油”，搭配吐司面包，是极佳的选择。

盛放吐司的容器可以用小饭碗，也可以用烘焙小模具，只要能起到将吐司定型的作用就可以。

午餐食谱：饱足无负担

糙米青瓜小卷

清脆好吃又好做的外带王者

糙米虽然口感较大米更为粗糙，但是同时也更富有嚼劲。将其紧紧压实做成小卷，裹入清爽鲜甜的黄瓜和胡萝卜，口感紧实、脆爽。

烹饪时间：40 分钟 / 难度：普通

参考热量

食材	热量（千卡）
糙米 50 克	174
糯米 50 克	175
黄瓜 50 克	8
胡萝卜 50 克	16
黑芝麻 20 克	112
合计	485

主料

糙米 50 克，糯米 50 克，黄瓜 50 克，胡萝卜 50 克，海苔 1 片

辅料

盐 3 克，黑芝麻 20 克

烹饪秘籍

1. 糙米的黏性不够，因此需要搭配糯米才能卷成饭团。
2. 糯米至少要提前浸泡 2 小时。
3. 寿司帘可以用保鲜膜代替，能够起到卷紧、不粘手的效果即可。

做法

1. 糙米洗净后，用清水浸泡 30 分钟，糯米提前一晚浸泡。

2. 蒸锅内放入清水烧开，将糙米和糯米平铺在蒸布上，大火蒸 25 分钟左右至米熟透。

3. 黄瓜、胡萝卜削皮后切成细条备用。

4. 蒸好的米饭中加入黑芝麻和盐混合均匀。

5. 将海苔平铺在寿司帘上，将米饭均匀地铺在海苔上。

6. 将胡萝卜条、黄瓜条均匀地铺在米饭上，用力卷成卷后，用刀切成小段即可。

营养贴士

糙米是脱壳后的稻谷，与普通精制大米相比，含有更多的微量元素和膳食纤维，虽然口感相对较为粗糙，但是在营养和饱腹感方面都更有优势。

香浓温泉蛋意面

好看好吃又好玩

温泉蛋在佐餐之前，半凝固的质感能给菜肴增加更好的视觉效果。佐餐时，划破半凝固的蛋清，蛋黄流淌到食材上，作为增添风味的酱汁，香浓馥郁，既好吃又好看。

烹饪时间：40 分钟 / 难度：普通

参考热量

食材	热量（千卡）
意面 50 克	150
牛油果 1 个（100 克）	170
鸡蛋 1 个（55 克）	75
合计	395

主料

意面 50 克，牛油果 1 个，鸡蛋 1 个，豌豆 10 克

辅料

柠檬半个，盐 3 克，黑胡椒粉少许

做法

1. 意面放入开水中煮 8 分钟左右，沥干水分备用。

2. 柠檬挤出汁水备用；豌豆放入开水中焯熟，沥干水分备用。

3. 牛油果去壳去核，一半切丁，另一半用料理机打成泥。

4. 将牛油果泥和意面放入一个容器内，搅拌均匀。

5. 将拌好的意面盛入大碗中，倒入豌豆和牛油果丁。

6. 锅内放入清水烧开，将鸡蛋磕入不锈钢勺子中，放入开水中煮 3 分钟左右。

7. 鸡蛋煮至蛋清凝固，鸡蛋整体可以晃动的程度，盛出放在拌好的意面上。

8. 在温泉蛋上洒上柠檬汁，再撒入盐和黑胡椒粉，吃的时候搅拌均匀即可。

烹饪秘籍

1. 柠檬汁可根据自己的喜好适量放入。
2. 吃的时候戳破温泉蛋，蛋黄流出来和意面混合，不仅可以代替高热量的沙拉酱，而且口感也非常香浓。

营养贴士

牛油果富含维生素和矿物质，且细腻香浓具有如同冰激凌一般的口感。它与作为主食的意面搭配在一起，非常完美。

绿茶鸡肉煲饭

让油腻的煲饭君也变得风雅起来

伴着茶汤中的茶香来煮饭，让每一颗米粒嚼起来都带着若有若无的清香，吃得猛不腻人，吃得慢品茶香。

烹饪时间：30 分钟 / 难度：普通

参考热量

食材	热量（千卡）
鸡腿 1 个（85 克）	150
大米 50 克	173
荞麦 50 克	168
菜心 100 克	28
合计	519

主料

鸡腿 1 个，大米 50 克，荞麦 50 克，菜心 100 克，绿茶茶叶 5 克

辅料

料酒、生抽、老抽、盐各 1 茶匙

做法

1. 鸡腿去皮，去骨，将鸡腿肉切成小块。

2. 鸡腿肉用老抽、料酒、盐腌制 20 分钟。

3. 菜心洗净，茶叶用 150 毫升开水浸泡出茶水，滤渣备用。

4. 大米、荞麦洗净，沥干水分后放入电饭锅中，加入腌制好的鸡腿肉搅拌均匀。

5. 在鸡肉饭中倒入茶水，轻轻拌匀，使用电饭锅的煮饭模式进行烹饪。

6. 在米饭快要煮熟的时候，打开电饭煲盖，将洗好的菜心放入鸡肉饭中，洒上生抽，略加搅拌，继续烹饪至熟即可。

营养贴士

茶叶含有丰富的人体所需的矿物质、茶多酚，用来煮饭，吃起来有与众不同的香味，营养上的搭配也更加完善。

烹饪秘籍

1. 鸡腿肉可以用鸡胸肉、牛肉替换。
2. 作为主食的大米和荞麦可以用其他粗杂粮替代，比如玉米粒、燕麦米、黑米都可以。
3. 可以根据个人喜好加入五香粉或者其他调味料。

四宝盖饭

办公室里最豪华的便当

玉米和米饭中所包含的碳水化合物、鸡蛋和鸡胸肉中的蛋白质、各类菜蔬中含有的不同种类的维生素，让这道主食膳食营养非常全面。我们用最健康的烹制方法，使得这道主食在营养全面的同时兼具颜值，且非常适合外带食用。

参考热量

食材	热量（千卡）
玉米粒 50 克	33
大米 50 克	173
鸡胸肉 50 克	48
鸡蛋 1 个（55 克）	75
鸡腿菇 50 克	4
黄瓜 50 克	8
橄榄油 5 克	45
合计	386

烹饪时间：30 分钟 / 难度：普通

主料

玉米粒 50 克，大米 50 克，鸡胸肉 50 克，鸡蛋 1 个，鸡腿菇 50 克，黄瓜 50 克

辅料

料酒 1/2 茶匙，生抽 4 毫升，香醋 1/2 茶匙，橄榄油 5 克，盐 4 克，黑胡椒粉少许

做法

1. 玉米粒、大米洗净后用电饭煲煮熟。

2. 鸡蛋放入水中，大火煮3分钟，关火闷1分钟，剥壳后对半切开。

3. 黄瓜洗净削皮，切成小块，加入 1 克盐拌匀，腌制 10 分钟。

4. 腌制好的黄瓜沥干水分，加入1毫升生抽、1/2 茶匙香醋拌匀。

5. 鸡胸肉切片，加入 2 克盐、1/2 茶匙料酒、3 毫升生抽拌匀，腌制 15 分钟，沥干水分。

6. 平底锅中放入一半橄榄油加热，放入鸡胸肉，小火煎至两面金黄，盛出备用。

7. 鸡腿菇洗净切片，平底锅中放入剩下的橄榄油，小火煎至两面焦香，撒上 1 克盐和少许黑胡椒粉，盛出备用。

8. 煮好的米饭盛入碗中，将腌制好的黄瓜、煎好的鸡胸肉和鸡腿菇，以及煮熟的鸡蛋分别整齐地铺在米饭上即可。

这道主食食材丰富，但做法并不复杂，需要一些耐心即可。

低油的烹饪方式，让众多食材最大限度地保留了本身的营养物质，并最大限度地得到了丰富的口感。蛋白质、维生素的组合，让这道主食不管是在口感上，还是在膳食营养上，都非常完善。

蔬菜豆腐小煎饼

老豆腐也要小清新

老豆腐煎香之后，散发出浓郁的豆香。加入面粉，煎出来的小饼表皮微黄，外酥里嫩，唇舌之间偶尔还能感受到胡萝卜的脆甜，口感非常丰富。

烹饪时间：30 分钟 / 难度：简单

参考热量

食材	热量（千卡）
老豆腐 200 克	188
西蓝花 50 克	18
胡萝卜 50 克	16
鸡蛋 1 个（55 克）	75
面粉 30 克	110
橄榄油 5 克	45
合计	452

主料

老豆腐 200 克，西蓝花 50 克，胡萝卜 50 克，鸡蛋 1 个，面粉 30 克

辅料

盐 1 茶匙，橄榄油 5 克，黑胡椒粉少许

烹饪秘籍

1. 老豆腐相对口感紧实，不要购买绢豆腐等过于细嫩的豆腐，否则煎制的时候不容易成型。
2. 加入少许面粉是为了让煎饼成型。
3. 搅拌面糊的时候，要避免用力过猛。

做法

1. 将鸡蛋磕入碗中，用力打散成蛋液；西蓝花洗净、切碎；胡萝卜洗净、去皮、切碎。

2. 老豆腐放入碗中，轻轻捣碎，不要过度搅拌。

3. 在老豆腐中依次加入蛋液、面粉，轻轻搅成蛋糊。

4. 将西蓝花碎、胡萝卜碎、盐、少许黑胡椒粉依次加入蛋糊中，轻轻搅拌均匀。

5. 在平底锅中加入橄榄油烧热，舀一勺蔬菜豆腐糊放入平底锅中，摊成小圆饼。

6. 依照上述方法将剩余的蔬菜豆腐糊一勺一勺地放入平底锅中，小火将圆饼煎至两面金黄即可。

这款蔬菜豆腐小煎饼含有丰富的动植物蛋白、维生素、钙、膳食纤维和碳水化合物，在总热量较低的同时，给人体提供了必需的能量和足够的营养。

芝麻叶拌黑椒牛肉

小苦怡情的风味

微微带点苦味的芝麻叶，吃起来别具风味，拌入牛肉，再和酸甜可口的圣女果搭配，口感层次丰富，清新爽口。

烹饪时间：30 分钟 / 难度：简单

参考热量

食材	热量（千卡）
牛里脊 100 克	107
芝麻叶 100 克	18
圣女果 6 个	22
橄榄油 3 克	27
合计	174

主料

牛里脊 100 克，芝麻叶 100 克，圣女果 6 个

辅料

料酒、生抽、甜醋各 1 茶匙，盐 2 克，橄榄油 3 克

烹饪秘籍

1. 用喷壶喷洒橄榄油，可以使橄榄油均匀地铺在平底锅中，减少用油量。
2. 芝麻叶可以从超市购买。

做法

1. 芝麻叶洗净，沥干水分，掰碎备用。

2. 圣女果洗净后对半切开。

3. 牛里脊切成小块，加入料酒、生抽、盐搅拌均匀，腌制 15 分钟，沥干水分备用。

4. 平底锅中用喷壶喷上一层橄榄油加热，放入腌制好的牛肉块，中火煎熟。

5. 将煎熟的牛肉块放入碗中，加入芝麻叶、圣女果，放入甜醋搅拌均匀即可。

芝麻叶营养丰富，含有大量的蛋白质、维生素和卵磷脂，多吃对皮肤也有好处。

香煎西蓝花牛肉饼

低热量补能量的健身餐

胡萝卜和西蓝花提升了牛肉饼的口感和营养，且味道很不错。

烹饪时间：30 分钟 / 难度：普通

参考热量

食材	热量（千卡）
牛腱子肉 200 克	218
西蓝花 100 克	36
胡萝卜 50 克	16
香油 5 克	45
合计	315

主料

牛腱子肉 200 克，西蓝花 100 克，胡萝卜 50 克

辅料

生抽、料酒各 1 茶匙，香油 5 克，盐 3 克，葱花、黑胡椒粉各少许

烹饪秘籍

1. 顺时针搅拌肉馅，能使肉馅更有弹性。
2. 可以在馅料中根据自己的口味喜好增加佐料，比如辣椒粉、十三香、孜然粉等。

做法

1. 牛腱子肉洗净，剁成肉糜。

2. 西蓝花洗净切碎，胡萝卜洗净去皮切碎。

3. 将牛肉糜放入盆中，加入西蓝花碎、胡萝卜碎混合均匀。

4. 在盆中加入生抽、料酒、香油、盐、葱花、黑胡椒粉，顺时针搅拌上劲，制成肉馅。

5. 做好的肉馅捏成大小均匀的肉团备用。

6. 加热平底锅，将肉团放入锅中，轻轻按扁做成饼状，小火煎至两面金黄即可。

这道菜含有丰富的维生素、矿物质、膳食纤维和蛋白质，膳食营养全面，满足身体所需。

茄汁包菜牛肉卷

十足的自然风味

加入了各种蔬菜的牛肉泥，味道丰富，营养全面，腌制后十分入味。用鲜甜的包菜包裹起来，淋上用新鲜番茄熬制的番茄酱，十足的自然风味，酸甜可口，香浓多汁。

参考热量

食材	热量（千卡）
牛腱子肉 250 克	272
鸡蛋 1 个（55 克）	75
番茄 300 克	45
洋葱 100 克	40
玉米粒 100 克	66
胡萝卜 100 克	32
包菜叶 10 片（150 克）	36
合计	566

烹饪时间：60 分钟 / 难度：普通

主料

牛腱子肉 250 克，鸡蛋 1 个，番茄 300 克，洋葱 100 克，玉米粒 100 克，胡萝卜 100 克，包菜叶 10 片

辅料

盐、胡椒粉、料酒、生抽各 1 茶匙

做法

1. 包菜叶洗净，保留完整的大片，放入沸水中烫软，沥干水分备用。

2. 番茄洗净，切成小块；洋葱、胡萝卜洗净，切成小丁。

3. 牛腱子肉剁成肉泥，加入鸡蛋、玉米粒、洋葱丁、胡萝卜丁、盐、料酒、生抽，顺时针搅拌上劲，制成牛肉馅。

4. 番茄块放入料理机打碎成汁，放入锅中，用小火焖煮收汁成浓稠状态，制成番茄酱。

5. 将牛肉馅卷入包菜中，一片叶子卷一个牛肉卷，均匀地摆入烤盘中。

6. 在包菜卷上淋上番茄酱，用锡纸封住烤盘。

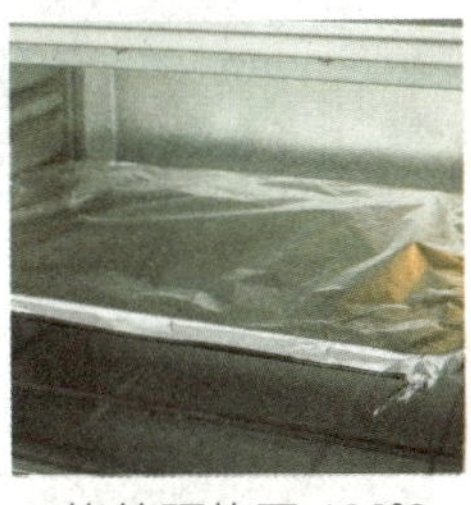

7. 烤箱预热至 180℃，放入烤盘，烤制 30 分钟左右。

8. 烤好的包菜牛肉卷，撒上胡椒粉即可。

烹饪秘籍

1. 包菜又叫卷心菜、圆白菜，是很常见的蔬菜。
2. 牛腱子肉的脂肪含量较低，也可以用普通的牛肉替代。

营养贴士

牛肉富含蛋白质，脂肪少，是很好的减肥健身食材。搭配蔬菜后膳食营养结构非常合理。

香辣牛肉魔芋锅

香辣可口又低脂的下饭菜

魔芋的饱腹感很强，热量极低，口感柔嫩顺滑。因为有着容易入味的特性，所以用丰富的调味配菜焖煮之后，香辣开胃，是一道既下饭又健康的菜肴。

烹饪时间：40 分钟 / 难度：普通

参考热量

食材	热量（千卡）
魔芋 300 克	24
牛里脊 100克	107
花生油 10 克	90
合计	221

主料

魔芋 300 克，牛里脊 100 克

辅料

花生油 10 克，青蒜 2 根，大蒜 5 瓣，生姜片 10 克，干辣椒、小米辣各 5 根，盐、老抽各 1 茶匙

营养贴士

魔芋是热量极低但饱腹感很强的食材，能促进肠胃蠕动。

做法

1. 牛里脊洗净切薄片；魔芋切成细条。

2. 青蒜洗净切段；大蒜拍碎去皮；干辣椒、小米辣洗净切段。

3. 锅内加入清水烧开，放入魔芋条焯至变色，捞出沥干水分备用。

4. 锅内倒入花生油烧热，倒入大蒜、生姜片、干辣椒、小米辣炒香。

5. 锅内放入魔芋条，翻炒均匀。

6. 锅内倒入没过食材的清水，加入盐，搅拌均匀，中火焖煮至汤汁浓稠。

7. 锅内放入牛里脊片、青蒜段，大火爆炒出香味。

8. 沿着锅边洒上老抽，翻炒均匀即可。

烹饪秘籍

1. 牛里脊易熟，最后下入翻炒，口感更为鲜嫩。
2. 魔芋经过焖煮才能更好地入味。

蒜香鸡胸肉

外焦里嫩的高蛋白饱腹正餐

鸡胸肉脂肪含量非常低，是低热量又饱腹的食材。用开胃的蒜香调料腌制入味，无油煎至金黄后，入口有嚼劲，非常过瘾。

烹饪时间：30 分钟 / 难度：普通

参考热量

食材	热量（千卡）
鸡胸肉 200 克	192
洋葱 100 克	40
植物油 10 克	90
合计	322

主料

鸡胸肉 200 克，洋葱 100 克

辅料

植物油 10 克，料酒、葱末、蒜蓉各 1 茶匙，盐 3 克，黑胡椒粉少许

烹饪秘籍

1. 鸡胸肉腌制好后，可以用厨房纸吸去表面的水分，使其在煎制的时候更香。
2. 若喜欢辣味的，可以加辣椒粉或者辣酱。

做法

1. 鸡胸肉洗净，切成小丁。

2. 将鸡胸肉丁、料酒、黑胡椒粉放入一个盆中混合均匀，腌制 15 分钟，沥干水分备用。

3. 平底锅中倒入植物油烧热，放入蒜蓉、葱末爆香。

4. 倒入切成小块的洋葱，继续翻炒，加盐，炒至洋葱变软。

5. 将腌制好的鸡胸肉放入锅中，小火煎至两面金黄，盛出装盘。

6. 撒上少许黑胡椒粉进行调味即可。

鸡胸肉高蛋白、低脂肪、低热量，是健身减肥人士补充身体营养很好的选择。

胡萝卜青豆鸡胸肉饼

清爽简洁，户外就餐的好选择

非常清爽的一道补充蛋白质的菜肴，做法简单，颜值高，营养丰富，低脂低热量，很适合外带食用。

烹饪时间：40 分钟 / 难度：普通

参考热量

食材	热量（千卡）
鸡胸肉 200 克	192
胡萝卜 50 克	16
青豆 50 克	199
植物油 10 克	90
合计	497

主料

鸡胸肉 200 克，胡萝卜 50 克，青豆 50 克

辅料

盐、料酒、生抽各 1 茶匙，植物油 10 克，黑胡椒粉各少许

做法

1. 鸡胸肉剁成肉泥，胡萝卜洗净切碎，青豆洗净后沥干水分备用。

2. 鸡胸肉泥放入一个盆中，加入盐、料酒、黑胡椒粉搅拌均匀，腌制 15 分钟。

3. 在盆中加入胡萝卜碎、青豆、生抽搅拌均匀，制成肉馅。

4. 将肉馅捏成大小均匀的肉丸备用。

5. 平底锅加热，放入植物油，放入肉丸，轻轻压扁成饼状。

6. 小火将肉饼煎至两面金黄即可。

营养贴士

鸡胸肉所富含的蛋白质和脂溶性维生素，与胡萝卜和青豆所含的大量维生素、胡萝卜素及膳食纤维搭配在一起，荤素适宜，营养丰富。

1. 鸡胸肉可以用牛肉、鱼肉替换。
2. 可以在配料中加入自己喜欢的其他调味料。

鸡胸肉焖蛋酸酸锅

汤汁浓郁，酸香可口

鸡胸肉经过香料的腌制之后十分细腻入味，和脆爽的马蹄混合做成丸子，口感弹牙，汤汁浓郁，酸香可口，是下饭的好菜。

烹饪时间：30 分钟 / 难度：普通

参考热量

食材	热量（千卡）
鸡胸肉 200 克	192
鸡蛋 1 个（55 克）	75
马蹄 100 克	60
番茄 300 克	45
橄榄油 10 克	90
合计	462

主料

鸡胸肉 200 克，鸡蛋 1 个，马蹄 100 克，番茄 300 克

辅料

橄榄油 10 克，生抽、白醋、盐、姜蓉各 1 茶匙，葱花、胡椒粉、香菜各适量

营养贴士

这道菜的食材中，含有丰富的蛋白质和维生素，荤素搭配十分合理。

做法

1. 鸡胸肉洗净，切成肉糜；马蹄洗净，削皮，切碎；番茄洗净，切成小块。

2. 将鸡胸肉糜、马蹄碎、生抽、葱花、胡椒粉放入一个碗中，顺时针搅拌均匀，做成鸡肉馅。

3. 将鸡肉馅捏成大小均匀的肉丸。

4. 锅内倒入橄榄油烧热，加入姜蓉翻炒至香，倒入番茄块，中小火炒至番茄出汁。

5. 在番茄锅内倒入适量清水，加入盐、白醋大火烧开。

6. 将鸡胸肉丸放入汤中，中小火煮至汤汁浓稠。

7. 将鸡蛋完整地磕入汤中，大火将汤汁烧开，关火，盖上锅盖闷 3 分钟左右。

8. 装盘时，放上适量香菜作为点缀即可。

烹饪秘籍

1. 关火后闷 3 分钟，做出来的是溏心蛋，可以根据自己的喜好调整煮鸡蛋的时间。
2. 可以在汤内加入自己喜欢的蔬菜，比如金针菇、蘑菇、西蓝花等。

酸菜鱼片

酸辣入味，汤汁丰美

草鱼的肉质肥美，比起海鱼来说，口感更加富有嚼劲。加入酸菜同煮，酸辣开胃，让人食欲大增。

烹饪时间：40分钟 / 难度：普通

参考热量

食材	热量（千卡）
草鱼肉片 300 克	339
酸菜 200 克	46
花生油 20 克	180
白芝麻 10 克	53
合计	618

主料

草鱼肉片 300 克，酸菜 200 克

辅料

花生油 20 克，泡椒 20 克，生姜 20 克，大蒜 3 瓣，白醋、料酒、生抽各 1 汤匙，盐 6 克，白芝麻 10 克，辣椒粉 10 克

营养贴士

草鱼含有丰富的不饱和脂肪酸和微量元素，对人体非常有益。多吃草鱼能开胃滋补、强身健体。

做法

1. 草鱼肉片用料酒腌制 15 分钟备用。

2. 酸菜洗净，切成小段；大蒜拍碎，去皮；生姜削皮，拍碎，切块。

3. 锅内倒入 10 克花生油烧热，放入姜块、大蒜炒香。

4. 锅内倒入酸菜、泡椒翻炒出香味，倒入适量开水。

5. 锅内加入白醋、盐，搅拌均匀，水开后，盖上锅盖，焖煮 5 分钟。

6. 加入草鱼肉片，大火煮 3 分钟左右至鱼肉熟透，洒上生抽，盛出。

7. 将白芝麻、辣椒粉集中放在酸菜鱼片中央。

8. 锅内倒入 10 克花生油加热至冒烟，趁热浇入碗中即可。

烹饪秘籍

1. 草鱼肉片可以在购买时要求商家处理好，也可以用其他能买到的成品鱼肉替代。
2. 最后浇热油的步骤，一定要趁热，以浇出“刺啦”的声响为佳。

牛肉窝蛋杂粮饭

感受每一口浓郁丰美的满足

鲜嫩的牛里脊经过腌制之后，鲜美入味，搭配浓郁的半流质蛋黄佐餐，搅拌均匀后，每一颗米粒都散发着蛋黄的香气，非常可口。

烹饪时间：40 分钟 / 难度：普通

参考热量

食材	热量（千卡）
牛里脊 100 克	107
鸡蛋 1 个（55 克）	75
大米 50 克	173
糙米 50 克	174
合计	529

主料

牛里脊 100 克，鸡蛋 1 个，大米 50 克，糙米 50 克

辅料

料酒、生抽、盐各 1 茶匙，葱花、黑胡椒粉各少许

做法

1. 牛里脊剁成肉末，加入料酒、生抽、盐搅拌均匀，腌制 20 分钟。

2. 大米、糙米洗净后放入碗中，加入适量清水，入蒸锅大火蒸至米饭成型。

3. 打开蒸锅的锅盖，迅速将腌制好的牛肉末均匀地盖在米饭上，继续蒸至牛肉熟透。

4. 打开蒸锅锅盖，将牛肉中间挖一个凹槽，打入鸡蛋。

5. 在鸡蛋上撒上少许黑胡椒粉，盖上锅盖焖 3 分钟左右。

6. 出锅后在杂粮饭表面均匀地撒上少许葱花作为装饰即可。

营养贴士

牛肉中的蛋白质和铁元素含量较高，脂肪含量较低，是减脂健身期间非常好的营养来源。

1. 也可以用电饭锅进行烹煮，步骤一样。
2. 第 4 步中焖鸡蛋的时间可以根据自己的喜好调整。若喜欢吃溏心蛋，则将焖煮时间缩短，喜欢熟一点的，则延长焖煮时间。
3. 吃的时候可以根据个人口味加入辣椒酱、生抽等进行调味。

晚餐食谱：轻松无压力

番茄鸡蛋荞麦面

变换经典可以更健康

番茄和鸡蛋是非常经典的食材搭档，不管是做成汤、炒成菜还是做成汤面或卤面，都令人百吃不腻。我们把升糖指数较高的精面面条换成GI值更低、更能延长饱腹感的荞麦面条，是减肥健身人群更为健康的选择。

烹饪时间：20 分钟 / 难度：普通

参考热量

食材	热量（千卡）
荞麦面（干）50克	160
鸡蛋 1 个（55 克）	75
番茄 150 克	22
橄榄油 5 克	45
合计	302

主料

荞麦面（干）50 克，鸡蛋 1 个，番茄 150 克

辅料

生抽 1 茶匙，盐 1/2 茶匙，橄榄油 5 克，葱花少许

烹饪秘籍

1. 番茄炒蛋炒好后加入开水直接煮面的方式，能让面条的汤底和面条本身都更加入味。
2. 也可以将番茄炒蛋单独炒成浇头，用清水煮好荞麦面后再拌到一起。

做法

1. 番茄洗净后切成小块。

2. 鸡蛋磕入碗中，打散成蛋液。

3. 锅内倒入少许橄榄油烧热，转中火，加入番茄块翻炒出汁。

4. 在番茄中加入盐、蛋液翻炒至蛋液凝固。

5. 在锅内倒入约 500 毫升开水，中小火烧开，做成面汤。

6. 在面汤中加入荞麦面煮熟，洒上生抽搅拌均匀，撒上葱花即可。

营养贴士

荞麦是粗粮的一种，含有丰富的蛋白质和大量的维生素。荞麦中含量极高的膳食纤维能延缓食物的消化过程，让饱腹感得到延长，非常扛饿，是减肥期间很好的主食选择。

彩椒牛肉碗

“碗”都可以吃下去的美味

彩椒鲜艳的色彩和适合作容器的形状，非常适合搭配肉类进行烹制。两种食材搭配，不但营养丰富，而且造型可爱，让人食欲大增。

烹饪时间：40 分钟 / 难度：中等

参考热量

食材	热量（千卡）
牛里脊200克	214
红彩椒、黄彩椒、青椒各 1 个（100克）	26
植物油 5 克	45
合计	285

主料

牛里脊200克，红彩椒、黄彩椒、青椒各 1 个

辅料

蒜蓉、姜末、生抽各 1 茶匙，植物油5克，盐3克，黑胡椒粉、葱花各少许

烹饪秘籍

1. 应选择个头较大、大小匀称的彩椒。
2. 牛肉也可以替换成其他肉类，比如猪肉。

做法

1. 两种彩椒和青椒洗净后对半剖开，去蒂，去瓤。

2. 牛里脊洗净，剁成肉糜。

3. 将牛肉糜、蒜蓉、姜末、生抽、盐、植物油倒入一个盆中，顺时针用力搅拌上劲，制成肉馅。

4. 在肉馅中加入黑胡椒粉、葱花，搅拌均匀。

5. 将肉馅填满红彩椒、黄彩椒和青椒的内部，整齐地摆入盘中。

6. 蒸锅内加水烧开，放入彩椒牛肉碗，大火蒸 15 分钟即可。

营养贴士

彩椒富含维生素、矿物质、膳食纤维、植物化学成分等多种营养物质，牛里脊脂肪含量低，含有丰富的蛋白质，荤素搭配，营养合理。

西蓝花赛螃蟹

魔术般的味觉体验

将蛋清和蛋黄分开进行烹制，利用传统调料的奇妙组合，产生出来的味觉反应如同魔术般神奇。不管是从味道上还是外形上，都似蟹肉一般，非常独特。

烹饪时间：30 分钟 / 难度：简单

参考热量

食材	热量（千卡）
鸡蛋 2 个（110 克）	150
西蓝花 100 克	36
花生油 10 克	90
白糖 5 克	20
合计	296

主料

鸡蛋 2 个，西蓝花 100 克

辅料

姜蓉 10 克，白糖 5 克，白醋、料酒各 1 汤匙，盐 1 茶匙，花生油 10 克

做法

1. 将姜蓉、白糖、白醋、料酒、盐放入一个碗中搅拌均匀，制成糖醋汁。

2. 西蓝花洗净，放入沸水中焯熟，盛出沥干水分。

3. 将西蓝花切成小块，在盘中摆出造型。

4. 将鸡蛋的蛋黄和蛋清分别磕入两个碗中，用力打散成蛋液。

5. 锅内倒入花生油烧热，倒入蛋清，迅速用筷子划散，半凝固状态时，加入一半糖醋汁搅拌均匀，盛至盘中，在底部铺好。

6. 重新起锅，放入适量花生油，倒入蛋黄，迅速用筷子划散，倒入剩下的糖醋汁，搅拌均匀，关火，盛出，铺在蛋清上即可。

鸡蛋的营养非常丰富，搭配西蓝花所含的膳食纤维和维生素，营养很全面。

1. 炒制蛋清和蛋黄的时候需要注意火候，一定要在半凝固状态的时候倒入糖醋汁，然后立即关火，否则火候一过，鸡蛋就会失去嫩滑的口感。
2. 白醋、香醋、陈醋均可以互相替换。

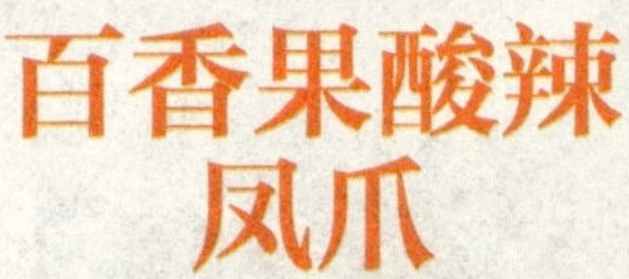

百香果酸辣凤爪

香辣开胃，百吃不腻

凤爪经过调料的浸泡之后，香辣可口，开胃解腻，十分弹牙入味。百香果和柠檬的加入，给这道凤爪增加了更为浓郁的自然酸香。

烹饪时间：60 分钟 / 难度：普通

参考热量

食材	热量（千卡）
凤爪 500 克	500（可食用部分）
柠檬 100 克	36
百香果 50 克	33
合计	569

主料

凤爪 500 克，柠檬 100 克，百香果 50 克

注：500 克凤爪的可食用部分约为 200 克，热量为 500 千卡。

辅料

盐 2 茶匙，白醋、料酒各 1 汤匙，生抽 2 汤匙，大蒜 5 瓣，老姜 30 克，小米辣 5 根

做法

1. 凤爪洗净，剪去指甲等杂物，剁成两半备用。

2. 老姜洗净，削皮，切成片；小米辣洗净剁碎；大蒜拍碎，剥皮备用。

3. 柠檬洗净，连皮切成薄片；百香果挖出果肉和果汁备用。

4. 锅内倒入清水烧开，放入凤爪，煮至凤爪变色，撇去浮沫，洗净备用。

5. 锅内倒入沸水，放入凤爪、1 茶匙盐、10 克姜片，大火烧开，盖上锅盖中火煮 10 分钟。

6. 煮好的凤爪捞出后放入冰水或者凉水中浸泡 5 分钟，沥干水分备用。

7. 在碗中放入 20 克姜片、1 茶匙盐、百香果肉和果汁、柠檬片及所有余下的辅料，搅拌均匀，制作成料汁。

8. 将凤爪放入料汁中搅拌均匀，盖上保鲜膜或者碗盖，放入冰箱冷藏 5 小时即可食用。

烹饪秘籍

1. 食材中的酸味调料和辣味调料可以根据自己的喜好适量增减。
2. 凤爪煮熟后浸泡入冷水或者冰水中是为了将凤爪表面的胶原蛋白冲走，避免在浸泡凤爪之后，料汁凝固，影响凤爪脆爽的口感。
3. 做好的凤爪在两天内食用，口感最佳。

营养贴士

凤爪含有比较丰富的胶原蛋白，对皮肤有好处，泡制的烹饪方式没有使用其他油脂煎炸，更加健康低热量。

剁椒芋头

香辣软糯，促进消化

湘菜的经典菜式，芋头中含有大量淀粉，口感软糯且容易入味。蒸制过程中，芋头吸收了剁椒的酸辣味，口感鲜香又开胃。

烹饪时间：40 分钟 / 难度：简单

参考热量

食材	热量（千卡）
小芋头500克	280
植物油 8 克	72
合计	352

主料

小芋头 500 克

辅料

植物油 8 克，剁椒 1 汤匙，豆豉 1 茶匙，盐 5 克，葱花少许

烹饪秘籍

1. 购买个头小一些的芋头，对半切开即可。
2. 芋头煮熟后再剥皮，能避免手部皮肤发痒。

做法

1. 锅中倒入清水烧开，将芋头洗净后放入沸水中煮 5 分钟左右。

2. 将煮好的芋头剥皮，切成大块，放入碗中。

3. 将剁椒、植物油、豆豉和盐放入碗中混合均匀。

4. 混合好的调料淋在芋头块上，搅拌均匀。

5. 蒸锅内倒入清水，放入拌好的芋头，大火蒸 30 分钟左右，至芋头绵软。

6. 在蒸好的芋头上撒上葱花即可。

营养贴士

芋头含有大量的粗纤维，饱腹感十足，能帮助肠胃做运动。

茄汁香煎龙利鱼

连汤汁都酸甜可口

龙利鱼肉质细嫩，无骨无刺，口感鲜嫩爽滑，久煮不烂，很适合烹饪新手。

烹饪时间：30 分钟 / 难度：普通

参考热量

食材	热量（千卡）
龙利鱼 200 克	106
番茄 1 个（300 克）	45
橄榄油 10 克	90
合计	241

主料

龙利鱼 200 克，番茄 1 个

辅料

盐、生抽、料酒各 1 茶匙，橄榄油 10 克，黑胡椒粉、葱花各少许

做法

1. 龙利鱼解冻，沥干水分，加入料酒腌制 15 分钟。

2. 番茄洗净，切块，用料理机打碎，做成番茄汁。

3. 平底锅内放入橄榄油加热，放入龙利鱼，小火煎至定型。

4. 锅内倒入番茄汁，加入盐、生抽、黑胡椒粉，混合均匀。

5. 小火焖煮至汤汁浓稠，收汁，撒上葱花即可。

营养贴士

龙利鱼高蛋白、低脂肪，富含维生素和不饱和脂肪酸，是非常健康的食材。

烹饪秘籍

龙利鱼柳的成品在超市有售。

南瓜玉米浓汤

经典易做的西式汤羹

南瓜香糯，压成泥之后与牛奶混合，口感会变得浓郁香甜。汤色金黄柔和，在享受汤汁的顺滑时，唇齿之间可以感受到玉米的鲜嫩香甜，而且嚼劲十足。

烹饪时间：30 分钟 / 难度：普通

参考热量

食材	热量（千卡）
南瓜 200 克	46
玉米粒 50 克	33
脱脂牛奶 250 毫升	83
合计	162

主料

南瓜 200 克，玉米粒 50 克，脱脂牛奶 250 毫升

辅料

新鲜罗勒少许

烹饪秘籍

1. 南瓜本身的糖分含量很高，加上牛奶的香醇，无需添加其他调味料就很好吃。
2. 如果没有新鲜的罗勒，可以用香葱、芹菜、香菜一类的食材代替，做法一样。

做法

1. 南瓜削皮去瓤，切成小块或者厚片。

2. 蒸锅内加入清水，把切好的南瓜块放入蒸锅中，大火蒸 10 分钟左右，至南瓜熟透。

3. 蒸好的南瓜块取出，放入碗内，用勺子压成泥。

4. 在锅内倒入脱脂牛奶，加入玉米粒，中火将牛奶煮沸。

5. 将南瓜泥加入锅中，轻轻搅拌均匀，小火熬煮 3 分钟，盛出后装入碗中。

6. 新鲜的罗勒洗净后切碎，撒在汤碗中作为点缀即可。

南瓜含有丰富的维生素和粗纤维，能促进肠胃的消化吸收，搭配牛奶所含的丰富蛋白质，膳食营养结构均衡。

海鲜坚果沙拉

洋溢着热带风情的清爽早餐

新鲜番茄现熬出来的番茄酱，酸甜香浓。搭配鲜美的海鲜食材和香脆的坚果，味觉体验非常丰富。

烹饪时间：30 分钟 / 难度：普通

参考热量

食材	热量（千卡）
虾仁 100 克	48
鱿鱼须 100 克	75
核桃碎 10 克	65
番茄 150 克	22
西蓝花 50 克	18
橄榄油 5 克	45
合计	273

主料

虾仁 100 克，鱿鱼须 100 克，核桃碎 10 克，番茄 150 克，西蓝花 50 克

辅料

橄榄油 5 克，料酒 1 茶匙，盐 4 克，黑胡椒粉少许

营养贴士

海鲜富含蛋白质，热量较低，搭配西蓝花里丰富的维生素和坚果中大量的矿物质、维生素和膳食纤维，不但好吃、好看，而且营养全面，满足人体所需。

做法

1. 西蓝花洗净后切成小块，放入沸水中焯熟，沥干水分备用。

2. 番茄洗净后去皮切成小丁。

3. 平底锅中倒入橄榄油烧热，将番茄丁倒入锅中，中火翻炒至出汁。

4. 在番茄中加入 2 克盐及少量清水，小火熬煮至番茄汁浓稠。

5. 鱿鱼须切成小段，和虾仁一起放入盆中，用 2 克盐、料酒、少许黑胡椒粉腌制 15 分钟。

6. 锅内放入清水烧开，将虾仁、鱿鱼须倒入沸水中焯熟（约 1 分钟），至鱿鱼须卷起来即可。

7. 将虾仁、鱿鱼须、西蓝花、核桃碎放入沙拉碗中混合均匀。

8. 将熬好的番茄汁倒入沙拉碗中，混合均匀，撒上黑胡椒粉即可。

烹饪秘籍

1. 核桃碎可以根据自己的喜好用其他坚果替换，比如花生、南瓜子、腰果等。
2. 自己用番茄熬煮番茄汁，可以减少糖分等物质的添加，更加天然健康。

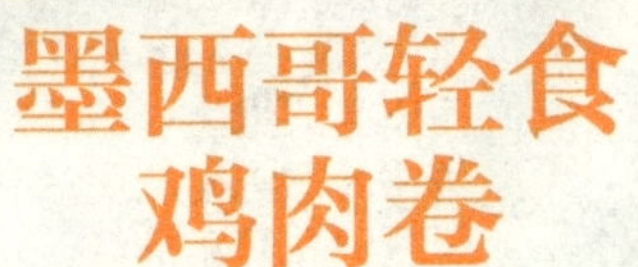

墨西哥轻食鸡肉卷

丰富多彩的食材元素

采用卷类的制作方式，不但美观，而且方便入口。将鲜嫩的鸡胸肉和丰富多彩的蔬菜搭配在一起，浇上爽滑的酸奶，所有食材在口中融为一体，是很完美的味觉体验。

烹饪时间：40分钟 / 难度：普通

参考热量

食材	热量（千卡）
墨西哥薄饼1张（35克）	100
鸡胸肉50克	67
低脂酸奶30毫升	14
合计	181

主料

墨西哥薄饼1张，鸡胸肉50克，低脂酸奶30毫升，生菜1片，红彩椒、黄彩椒、洋葱各10克

辅料

料酒1茶匙，盐2克，黑胡椒粉少许

营养贴士

鸡胸肉一直以来都是减脂健身营养食材的首选，其富含蛋白质，且热量较低，还能提供较长时间的饱腹感。搭配蔬菜一起吃，能令膳食营养均衡。

做法

1. 墨西哥薄饼解冻后，放入蒸锅内，待水烧开，上锅大火蒸1分钟至饼皮柔软。

2. 将蒸好的薄饼放入平底锅中，小火煎至单面上色。

3. 鸡胸肉表面用刀划出刀口，加入料酒、盐，腌制15分钟。

4. 锅内倒入清水烧开，放入腌制好的鸡胸肉，大火煮3分钟至鸡肉熟。

5. 将煮好的鸡胸肉捞出，沥干水分，切成细条。

6. 生菜洗净，红彩椒、黄彩椒、洋葱洗净后切成细丝备用。

7. 将鸡胸肉丝、红彩椒丝、黄彩椒丝、洋葱丝放入一个大碗中，倒入低脂酸奶，撒上黑胡椒粉搅拌均匀。

8. 将拌好的食材和生菜裹入墨西哥薄饼中即可。

烹饪秘籍

1. 墨西哥薄饼有市售成品，网购或者从超市里都可以购买。
2. 原味酸奶作为酱料用于调味，可以替换成自己喜欢的其他口味的酱料，比如醋、生抽、辣酱等。

鸡肉全麦吐司沙拉

不靠颜值取胜的营养大餐

黄瓜和樱桃萝卜的口感都是脆爽多汁的，浇上酸甜可口的酱汁之后，更是变得清爽开胃。搭配焦香入味的鸡胸肉和全麦吐司，不仅好吃、营养、低热量，还能提供长时间的饱腹感。

烹饪时长：30 分钟 / 难度：普通

参考热量

食材	热量（千卡）
全麦吐司 1 片（45 克）	106
鸡胸肉 50 克	48
黄瓜 50 克	8
合计	162

主料

全麦吐司 1 片，鸡胸肉 50 克，黄瓜 50 克，樱桃萝卜 3 个

辅料

甜醋、料酒、生抽各 1 茶匙，盐、胡椒粉各少许

做法

1. 全麦吐司切成小方块；黄瓜、樱桃萝卜洗净削皮，切成片。

2. 鸡胸肉切成小块，加入料酒、少许盐和胡椒粉腌制 15 分钟。

3. 烤盘内垫上一层锡纸，将腌制好的鸡胸肉块放入烤盘中。

4. 烤箱预热至 220℃，将烤盘放入烤箱，烤 15 分钟左右至鸡胸肉熟透。

5. 烤好的鸡胸肉放入沙拉碗中，加入黄瓜片、樱桃萝卜片，洒上生抽、甜醋搅拌均匀。

6. 将全麦吐司块拌入沙拉中即可。

营养贴士

低脂的鸡胸肉和饱腹感极强的全麦吐司，兼顾了蛋白质和碳水化合物的膳食营养需求，满足人体能量所需，且不会对身体造成消化吸收的负担。

1. 若喜欢香脆的口感，可以将全麦吐司块放在平底锅中小火煎至金黄。
2. 可以根据自己的喜好，替换成不同的蔬果。

藜麦蔬菜沙拉

来自植物营养王者的关怀

藜麦和鹰嘴豆都富含蛋白质。搭配富含维生素、矿物质、膳食纤维的南瓜等多种蔬菜，既带来了新鲜清甜的口感，又提供了饱腹的能量。

烹饪时长：40 分钟 / 难度：普通

参考热量

食材	热量（千卡）
鹰嘴豆（干）30 克	102
南瓜 150 克	34
藜麦 20 克	74
胡萝卜 50 克	16
洋葱 50 克	20
黄瓜 50 克	8
橄榄油 3 克	27
合计	281

主料

鹰嘴豆（干）30 克，南瓜 150 克，藜麦 20 克，黄瓜 50 克，洋葱 50 克，胡萝卜 50 克

辅料

橄榄油 3 克，盐、黑胡椒粉各少许

做法

1. 鹰嘴豆、藜麦用清水洗净，浸泡 30 分钟。

2. 黄瓜、洋葱、胡萝卜洗净，削皮，切成小丁备用。

3. 南瓜削皮去瓤，切成小块，放入烤箱中，上下火 220℃烤 20 分钟至表面微焦。

4. 锅内倒入清水烧开，放入鹰嘴豆、藜麦，中火煮 20 分钟左右至全部熟透。

5. 煮熟的鹰嘴豆和藜麦捞出后沥干水分备用。

6. 将烤好的南瓜和煮熟的鹰嘴豆、藜麦放入沙拉碗中。

7. 在沙拉碗中拌入黄瓜丁、洋葱丁、胡萝卜丁混合均匀。

8. 撒上适量的盐、橄榄油和少许黑胡椒粉搅拌均匀即可。

鹰嘴豆和南瓜都是口感软糯的主食，所以要搭配爽脆可口的蔬菜，这样口感更佳。

藜麦不含麸质，蛋白质含量很高，还含有人体所需的多种氨基酸，营养价值出众。鹰嘴豆的蛋白质含量也非常高，且含有大量维生素和人体所需的氨基酸和矿物质。

彩蔬荞麦冷面

汤碗里展现五彩缤纷的夏天

各种鲜蔬带来了田园大丰收的感觉，五彩缤纷的食材精致地摆在过了冰水的面条上，洒上酸甜可口的酱汁，给你夏日消暑的清凉感。

烹饪时间：30 分钟 / 难度：普通

参考热量

食材	热量（千卡）
荞麦面（干）50克	160
鸡蛋 1 个（55 克）	75
橄榄油 3 克	27
细砂糖 2 克	8
合计	270

主料

荞麦面（干）50 克，鸡蛋 1 个，红彩椒、黄瓜、胡萝卜各 15 克

辅料

盐3克，细砂糖2克，陈醋、生抽、蒜蓉各 1/2 茶匙，白芝麻（装饰用）、香油各少许

烹饪秘籍

1. 荞麦面放入冷水中浸泡的时候让其散开，不要成团。
2. 喜欢吃辣椒的可以加点辣油或者小米辣。

做法

1. 荞麦面煮熟后，放入冰水中浸泡至完全凉透，捞出备用。

2. 红彩椒洗净后切成细丝，黄瓜、胡萝卜洗净后削皮，切成细丝。

3. 鸡蛋煮熟，去壳，对切成两半备用。

4. 取一个大碗，倒入半碗凉开水，放入盐、生抽、陈醋、细砂糖搅拌均匀，调成面汤。

5. 将冷却好的荞麦面放入面汤中，均匀地摆上红彩椒丝、黄瓜丝、胡萝卜丝，再摆上对半切开的鸡蛋。

6. 撒上蒜蓉和白芝麻，淋上香油即可。

营养贴士

多种蔬菜带来了丰富的膳食纤维、维生素和矿物质，加上鸡蛋和荞麦面所含的蛋白质、碳水化合物和人体所需的其他多种营养物质，使营养丰富全面。

番茄豆腐煲

酸甜入味的植物蛋白

酸甜的新鲜番茄，是给菜品提供酸甜滋味的来源。豆腐吸收了番茄熬出来的汤汁，非常入味，开胃解腻。

烹饪时间：40 分钟 / 难度：普通

参考热量

食材	热量（千卡）
番茄 300 克	45
老豆腐 1 块（约 250 克）	235
花生油 10 克	90
合计	370

主料

番茄 300 克，老豆腐 1 块

辅料

盐、生抽各 1 茶匙，花生油 10 克，葱花少许

做法

1. 番茄洗净，切小块；老豆腐切成厚片。

2. 平底锅中倒入花生油加热，将老豆腐片均匀铺在锅底，中小火煎至两面金黄，盛出备用。

3. 取一口砂锅，将老豆腐片均匀地铺在锅底，上面放上番茄块，加入适量清水，没过食材，均匀地撒上盐。

4. 将砂锅大火烧开，转中小火炖煮 25 分钟，至汤汁浓稠。

5. 沿着锅边均匀地洒上生抽提味。

6. 出锅后撒上葱花作为装饰即可。

烹饪秘籍

1. 可以在砂锅中加入其他蔬菜，比如金针菇、土豆等。
2. 可以根据番茄汁的浓淡和个人口味，起锅时加入番茄酱进行调味。

老豆腐富含优质蛋白、钙、植物甾醇和多种氨基酸，搭配番茄所含的大量维生素 C 和番茄红素，膳食营养非常全面。

红枣莲子桃胶羹

美容养颜，温补气血

晶莹剔透，色泽亮丽，口感细腻顺滑，是一款美容养颜的佳品。冬天喝热的，温补身心；夏天冰镇后喝，下火解暑。

烹饪时间：130 分钟 / 难度：简单

参考热量

食材	热量（千卡）
干桃胶 15 克	22
干莲子 10 克	35
干红枣 5 个（20 克）	55
冰糖 10 克	40
合计	152

主料

干桃胶 15 克，干莲子 10 克，干红枣 5 个

辅料

冰糖 10 克

营养贴士

桃胶含有丰富的胶原蛋白，搭配红枣、莲子一起炖煮，能养颜补气血。

烹饪秘籍

1. 可以购买去心的干莲子。
2. 所有的食材可以根据自己的喜好增减。
3. 冰糖可以不加，因为红枣本身有甜味。

做法

1. 干桃胶、干莲子用温水浸泡 2 小时左右，桃胶需泡得透亮发胀。

2. 泡好的莲子去心，桃胶去除杂质洗净，干红枣洗净。

3. 将莲子、桃胶、红枣放入炖盅里，加入适量清水。

4. 用炖锅的煲汤功能，炖煮 2 小时，最后加入冰糖，待其熔化后搅拌均匀即可。